中央民族大学“985工程”少数民族艺术学科建设项目

中国少数民族艺术发展创新研究丛书

中国少数民族服饰卷

中国少数民族服饰手工艺

周莹◎著

中国纺织出版社

内 容 提 要

本书主要介绍少数民族服饰手工艺，从少数民族传统服饰手工艺概述、原料加工、平面式服饰手工艺、立体式服饰手工艺和制作手工艺五个方面进行重点讲解。全书图文并茂，内容翔实丰富，图片珍贵精美，针对性强，具有较高的学习和参考价值。同时，对少数民族服饰文化的保护和传统具有较好的推动作用。

本书适合服装专业师生及爱好者学习参考。

图书在版编目（CIP）数据

中国少数民族服饰手工艺 / 周莹著. —北京：中国纺织出版社，2014. 1（2022.1重印）
（中国少数民族服饰卷）
ISBN 978-7-5180-0124-8

Ⅰ. ①中… Ⅱ. ①周… Ⅲ. ①少数民族－民族服饰－手工艺－中国 Ⅳ. ① TS941.742.8

中国版本图书馆 CIP 数据核字（2013）第 255806 号

策划编辑：李春奕　　责任编辑：宗　静　　特约编辑：王　璐
责任校对：楼旭红　　责任设计：何　建　　责任印制：储志伟

中国纺织出版社出版发行
地址：北京市朝阳区百子湾东里 A407 号楼　　邮政编码：100124
邮购电话：010—67004461　传真：010—87155801
http://www.c-textilep.com
E-mail:faxing@c-textilep.com
天津千鹤文化传播有限公司印刷　　各地新华书店经销
2014 年 1 月第 1 版　　2022 年 1 月第 3 次印刷
开本：889×1194　1/16　　印张：13
字数：200 千字　　定价：69.80 元

序

Preface

法国作家卢梭在《爱弥儿》中写道：“在人类所有一切可以谋生的职业中，最能使人接近自然状态的职业是手工劳动；在所有一切有身份的人当中，最不受命运和他人影响的，是手工业者。”确实如此，手工艺人是艺术的奠基者，他们用智慧的头脑和灵巧的双手，制作出众多令人惊叹的手工艺作品。少数民族服饰手工艺是中华民族民间美术史中灿烂的一页，它是劳动者在不经意中创造出来的，正是这种不经意，使得少数民族服饰艺术带有率真和鲜活的艺术品质，世代相传，滋润和孕育着一个民族特有的精神和气质。

中国传统文化包括少数民族服饰手工艺在内，正处在一个冲突与排斥、交流与融合、传承与变异共存的阶段，我们不禁要思考传统文化的价值。对少数民族服饰手工艺的继承，是单纯的抢救、整理使其得以保存，还是将它们融汇转化、开发使其得以致用。

许多地方的少数民族传统服饰手工艺多为母女、师徒世代相传，是一种可以开发和利用的人文资源。国内许多设计师也借助国际时尚东风，利用国内物质精神生活的发达和外来影响所形成的社会风尚、审美意识、物质技术等，在弘扬民族优秀传统文化的基础上，吸取外界时装之精华为我所用，结合流行趋势，将具有民族特色的服饰手工艺在现代时装上进行体现。

然而，在这利用和开发的过程中，我们会遇到一些什么样的问题？与传统文化的保护会不会发生冲突？人们是如何面对和解决这些冲突的？周莹的这项对于为艺术而进行的研究，固然是努力的方面之一，而将研究提升至由对少数民族服饰手工艺艺术的研究，去理解人类文化的多样性的目标之上，则是对费孝通老先生“各美其美、美人之美、美美与共、天下大同”这句话更为深刻的理解。

殷会利
2012 年 9 月

前言

Preface

少数民族服饰手工艺是通过具体的手工操作完成的。在创作中，服饰手工艺是至关重要的环节。与时装设计一样，少数民族人民在创作的最初，在考虑形的塑造、色的选择、材质的确定时，就会考虑到制作的手工艺方式，其运用直接关系到成品风格和特点的塑造。随着社会的高速发展，许多传统的文化形式正在快速地消失，少数民族服饰手工艺是其中之一。所以，如何保护文化的多样性，保护珍贵的人文资源及文化遗产已成为我们的当务之急。

本书将特点鲜明的少数民族传统服饰手工艺分为五个部分进行讲述：第一部分“天上取样人间织：少数民族传统服饰手工艺概述”，阐述了少数民族传统服饰手工艺的价值与意义，并从东北、华北地区，西北地区，西南地区，中南、东南地区这四大地域对少数民族传统服饰手工艺加以介绍。第二部分“一掷梭心一缕丝：少数民族传统服饰原料加工”，从南北两个地域的服饰特点探讨少数民族传统服饰的原料，并从麻纺织、棉纺织、丝纺织、毛纺织和制皮制革方面阐述了少数民族传统服饰中对原料的加工处理。第三部分“拣丝练线红蓝染：少数民族平面式服饰手工艺”和第四部分“花随玉指添春色：少数民族立体式服饰手工艺”从手工艺的平面和立体这两大形态特点，分别讲解了作为平面类别的直接织花的织锦、花带和印染中的灰染、夹染、绞染、蜡染，以及作为立体类别的刺绣、贴补、拼布、编结、缀物手工艺。最后一部分“珠裙褶褶轻垂地：少数民族服饰制作手工艺”探讨了少数民族常见的服饰制作手工艺，包括镶、绲以及百褶裙的制作。

让传统与当下对接，让民俗与时尚并交，促进传统服饰文化与时装产业相联，令传承与创新辉映是本书作者写作的初衷。愿本书有助于人们从更新的角度、更深的层次上理解和阐释少数民族传统服饰手工艺的含义，进一步完善对于中国少数民族传统服饰文化的理论研究。同时，希望本书能够引起更多人们对少数民族传统服饰文化在当代的研究应用中进行更加深入的反思。

感谢中央民族大学的领导和同事们，有了他们的支持和鼓励，我才能够放开手脚进取前行。感谢中国纺织出版社编辑专业、严谨的工作，才使得这部书稿得以出版。

有幸将自己对少数民族服饰手工艺并不算成熟的研究呈献给读者。书稿虽以付印，但难免有欠失准确之虞，还望得到读者的批评和指正。

周　莹

2012 年 6 月

目录
Contents

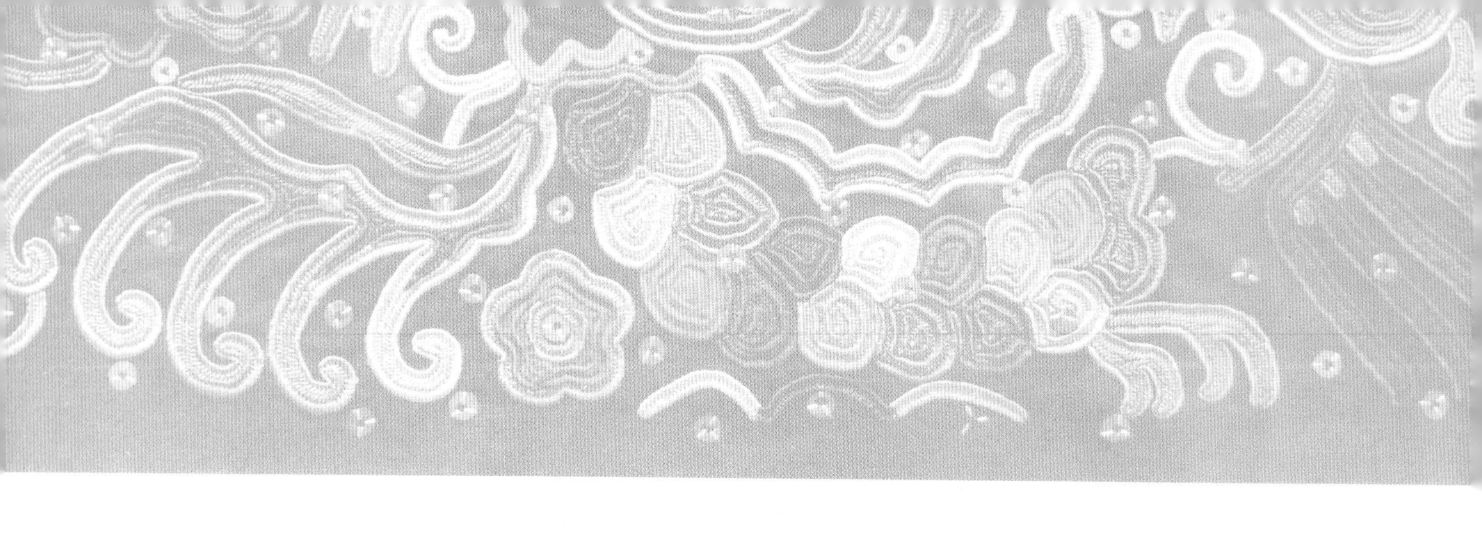

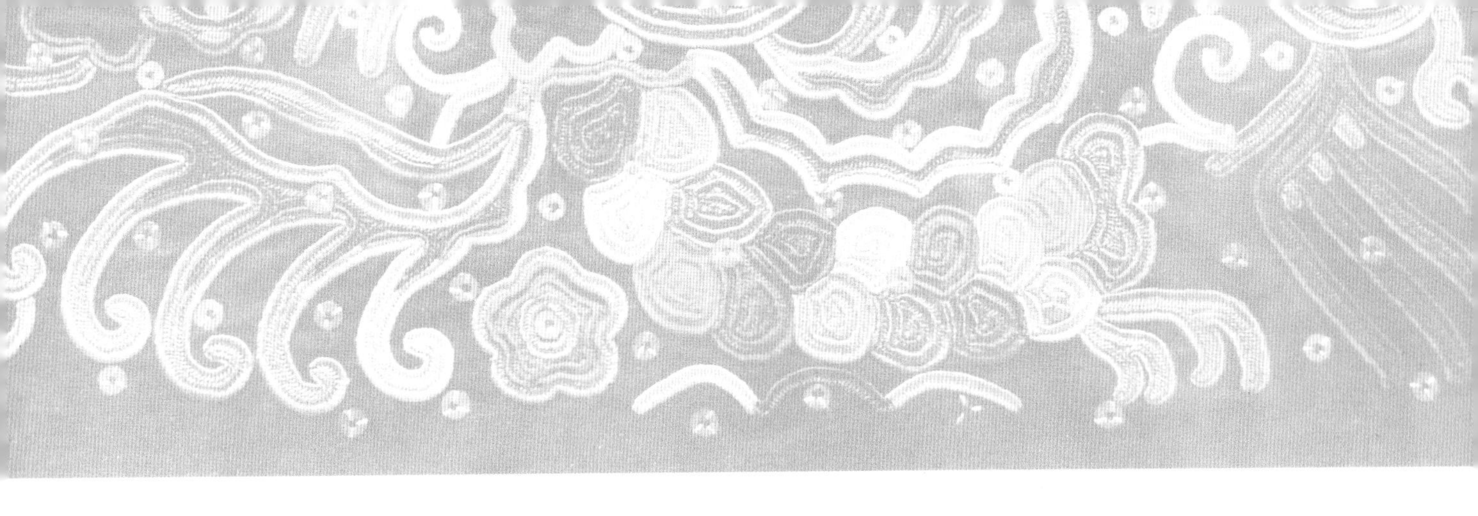

天上取样人间织：少数民族传统服饰手工艺概述

缭绫缭绫何所似？
不似罗绡与纨绮。
应似天台山上月明前，
四十五尺瀑布泉。
中有文章又奇绝，
地铺白烟花簇雪。
织者何人衣者谁？
越溪寒女汉宫姬。
去年中使宣口敕，
天上取样人间织。
织为云外秋雁行，
染作江南春水色。
广裁衫袖长制裙，
金斗熨波刀剪纹。
异彩奇文相隐映，
转侧看花花不定。
昭阳舞人恩正深，
春衣一对直千金。
汗沾粉污不再著，
曳土踏泥无惜心。
缭绫织成费功绩，
莫比寻常缯与帛。
丝细缫多女手疼，
扎扎千声不盈尺。
昭阳殿里歌舞人，
若见织时应也惜。

——唐·白居易《缭绫》

一、少数民族传统服饰手工艺及分类

（一）释义

在我国古代，“工艺”一词常与工、巧、艺等词相联系。“工”意指有技艺的人，具精湛技巧的人被称为“巧儿匠”。“工”、“巧”在中国古代还意指人用智能、技术制作出来的，在器物上所体现出来的精巧、美观。《新唐书》载：“父，为隋殿内少监，本以工艺进，故立德与弟立本皆机巧有思”[1]，足见中国古代工艺一词指的即是营建造物的手工艺。《商君书》曰：“技艺之士资在于手。”[2]其意是说传统工匠主要是靠手工技能去求得生存。可见，手工艺通常具有两方面含义，一方面是指需要特别的技能，并以手工为主完成的物品；另一方面是指一种技能。通过改造自然物的手工劳动，人类用双手装饰雕琢制成手工艺品，它们不仅用于人们的日常生活，也映射着人们的精神世界。

手工艺可以说是艺术的前身，工匠们用他们智慧的头脑、灵巧的双手创造出一件件精美绝伦的艺术作品。因此，在对艺术的探讨之前，往往需要深入地掌握其运用的工艺或技术。中国传统服饰手工艺有着悠久灿烂的历史，在整个中国文化艺术发展史中，服饰手工艺贯穿其中并占具重要的地位。

少数民族传统服饰手工艺是运用手工工具，以手工劳动为主制作出的既实用又具观赏性的少数民族传统服饰手工艺作品。本书主要介绍少数民族传统服饰手工艺的工艺特色、装饰创造技法以及新时代传承开发应用等。具有简洁、清新、纯朴风格的少数民族服饰手工艺品根据生活需要而生产，如蓝印花布、织锦围裙和花带等，既实用又美观，体现出手工艺品物质和精神的两重性，反映了劳动人民追求美好、幸福生活的愿望和情感。

（二）类别划分

少数民族服饰手工艺所涉及的领域非常广泛，涵盖人们生活的方方面面，可以说是门类纷繁，样式众多，因此应该多角度、多层次地对少数民族服饰手工艺进行分类，在这里，本书按照手工艺的存在形式、工艺、装饰部位、地域等方面对其进行分类。

1. 按存在形式分类

少数民族服饰手工艺有两种存在形式。一种是在平面上进行手工艺制作，如在纸或布料上创作的手工艺；另一种是在立体形态上创作的手工艺作品，如帽子、鞋、背包等。

2. 按手工艺分类

少数民族服饰手工艺分为：印染、编结、镶拼、刺绣、缀物等类别。从工艺的存在形式上，又可分为平面式和立体式，不同形式的工艺会形成不同的装饰效果。少数民族服饰风格的形成需要一定的工艺制作来表现，因此，只有掌握各类工艺的特点和规律才能更好地应用。

3. 按装饰部位分类

少数民族服饰手工艺装饰部位多为领部、胸部、背部、腰部、衣襟、袖口、下摆等。不

[1] 见（宋）欧阳修、宋祁《新唐书》卷一百，列传第二十五：阎立德。

[2] 见（战国）商鞅《商君书》，汉称《商君》、《商子》之算地第六，引自《诸子集成》，浙江古籍出版社，1999年，第14页。

同的装饰部位对手工艺的设计有不同的要求，对其进行合理配置也是少数民族服饰不容忽视的设计要素。

4. 按地域分类

少数民族服饰手工艺分为东北、北方地区，西北地区，西南地区，中部、东南地区。不同区域的少数民族制作和装饰时会使用不同的手工艺方法，即便是使用同一类别的手工艺，不同地域亦会有各自的特色。

二、少数民族传统服饰手工艺概览

中国少数民族服饰文化古老、深远而博大。由于分布广泛，各自所处环境不同，各地区的少数民族逐渐形成了各不相同的民族文化，不同的民族文化又创造了五彩斑斓、异彩纷呈的民族服饰。由于各民族居住情况、生活习俗、经济生活和文化发展存在差别，所以各民族服饰手工艺的类型、色彩等呈现出不同的风采，不同地域、不同民族的服饰手工艺千差万别，即便是不同地域、相同民族的服饰手工艺也会有所差异。因此，根据我国少数民族分布的几个主要区域，对典型的少数民族服饰手工艺作简要的概述。

（一）东北、北方地区

东北、北方地区地处中国的最北部，包括辽宁、吉林、黑龙江和内蒙古自治区，主要生息着蒙古族、朝鲜族、满族、达斡尔族、赫哲族、鄂温克族和鄂伦春族等少数民族。这一地区少数民族主要穿长袍，各民族袍服形制大致相似，仅在长袍的款式、质地等方面存有差异。袍身长者及踝，短者及膝，所用材料一般冬季为皮毛棉毡、夏季为丝绸麻布。

1. 朝鲜族服饰手工艺

由于历史渊源，朝鲜族服饰深受中原汉族服饰的影响，刺绣是常见的服饰手工艺。例如，被朝鲜族人称之为“阔衣”的古代宫廷贵族的婚礼服（后流传到民间作为新娘礼服）上，大红色的缎衣绣有金黄色的百花图案和“福”、“寿”等文字图案，如图 1-1 所示，图 1-2 为绣有“福”、“寿”等汉字图案的朝鲜族上衣。图 1-3 为朝鲜族男子婚礼服，可以看到我国明代男子官服——补服的影子。

由蓝色、红色、绿色、黄色、浅豆沙色、浅紫色、月白粉色组成的七彩绸缎，是朝鲜族特有的丝织工艺品，作为幼儿装、女童装（图 1-4）以及年轻女子的节日装用料。其中，蓝色、红色、绿色较为鲜艳，其余色彩清亮，加上丝光闪烁，十分靓丽。每条色带为 5 ～ 6 厘米宽，上绣饰花卉、蝴蝶图案，一种色带一种图案，图案作散点错行点缀排列（图 1-5）。除去刺绣外，朝鲜族还有色织布（图 1-6）、百褶裙（图 1-7）等服饰工艺。

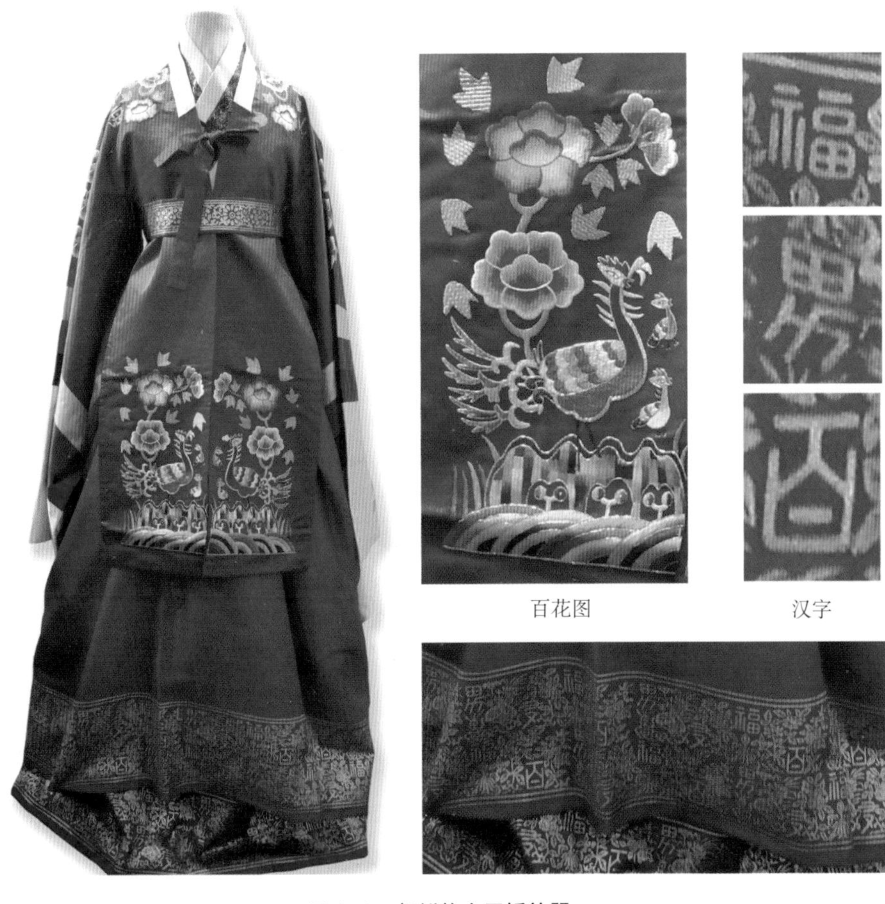

图 1–1　朝鲜族女子婚礼服

图 1–2　朝鲜族服饰上的汉字

图 1-3　朝鲜族男子婚礼服

图 1-4　朝鲜族女童装

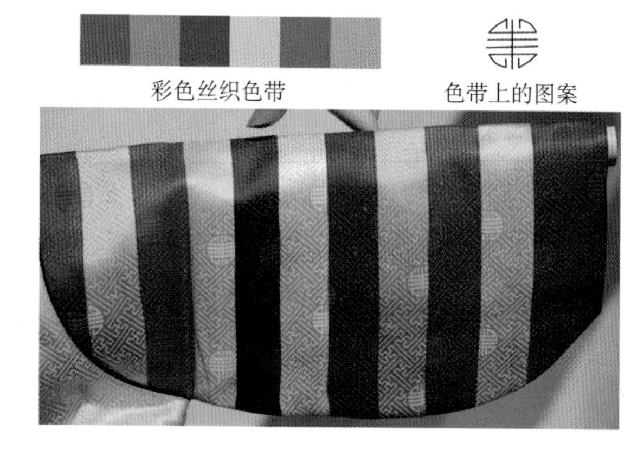

图 1-5　朝鲜族彩缎女童装袖子

图 1-6　19 世纪朝鲜王世子的七章服

图 1-7　朝鲜服饰（单贴里）中褶皱的运用

2. 赫哲族服饰手工艺

赫哲族长期生活于河流交织、地势低洼的三江平原上，以捕鱼为业，兼事狩猎，保持着独特的生活方式和服饰特点。由于赫哲族人的服装材料就地取材，夏季多为鱼皮制作，历史上称之为“鱼皮部”，冬季则主要以狍皮、鹿皮为衣料。图 1-8、图 1-9 为赫哲族人用鱼皮制成的鱼皮手套。鱼皮靰鞡，鱼皮靰鞡由靰鞡身、脸和靿三部分组成。前端和脸抽褶缝成半圆形，再接上高约 30 厘米的鱼皮做靿，穿上绳或皮条做带即可。鱼皮靰鞡通常是在冬季外出或夏季捕鱼时穿用，冬季穿时里面垫上靰鞡草，既暖和又轻巧，而且在冰天雪地里行走不打滑，也不会往里面灌雪，鲜明地体现出渔猎文化的服饰特色。

赫哲族用刺绣和鹿皮贴补、绲边等手工艺装饰服饰，其特色的服饰图案为云纹、波浪纹、螺旋纹、鹿纹和鱼纹，并将其装饰在衣襟边、下摆、袖口、帽子和手套上。例如，赫哲族人除了喜欢在长袍衣襟边下摆镶饰边纹或用染成黑色的云纹做饰外，还在鱼皮衣的衣襟、袖口和下摆处镶补绣卷曲的图案，或者用皮条、色布绲边。图 1-10 为黑龙江同江地区赫哲族的传统男服上衣。现藏于中央民族大学民族博物馆。整套服饰用马哈鱼皮制成，上衣为对襟盘扣制式，下装为肥腰小裤脚长裤。衣襟、袖口、裤脚都用鱼皮进行贴饰，云纹图案清晰，颇具立体感。另外赫哲族妇女冬季喜欢佩戴鱼皮帽，帽子上面用彩色丝线补绣鱼皮剪成云纹的适合纹样，白底上红、黄、蓝、黑的色彩对比十分强烈。帽子后面的披风边缘，也绣有上述色彩的波状连续纹样，有的绣线盖住了鱼皮图案，而产生立体浅浮雕的感觉，整个鱼皮帽装饰浑然一体，别具一格。

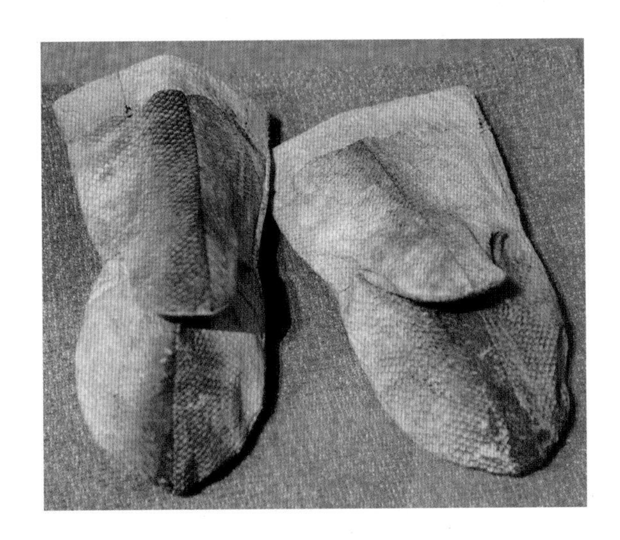

图 1–8　赫哲族鱼皮手套

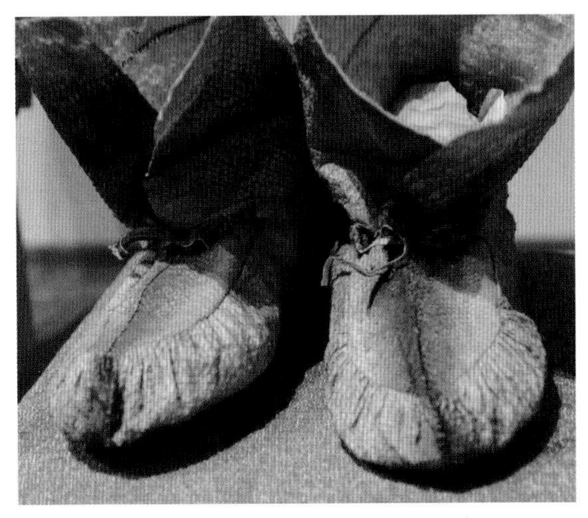

图 1–9　赫哲族鱼皮靰鞡

3. 鄂伦春族服饰手工艺

鄂伦春人拥有特征鲜明的民族服饰——狍皮服饰，其服饰手工艺以刺绣、镶边、缀物和绳编结盘绕为主。男子长袍款式为右衽、大襟，襟边、袖口和盘肩处镶有黑色薄皮的边饰，前后开衩上端饰有尖顶云纹图案（图 1-11）。妇女冬季穿的大襟右衽长袍，长至脚面，左右开衩，盘肩、大襟和底边处亦镶有黑色薄皮边。这种装饰性的皮边最初是用烧红的铁丝烫出黑色花纹，或将深黄色的薄皮剪成图案后用犴筋缝上，后来多用刺绣来制作装饰。通常，鄂伦春人下穿皮制长裤，在裤腿上也镶饰云纹。长袍外套的皮坎肩，用黑色薄皮镶边，皮条或绳子盘成花纹的纽扣，也是鄂伦春人粗犷中透出精致的服饰手工艺之一。另外，鄂伦春族人在鞋子、背包、手套以及在腰带上佩戴的烟荷包或针线包也都绣有精美的、卷曲的、五彩的吉祥纹样。

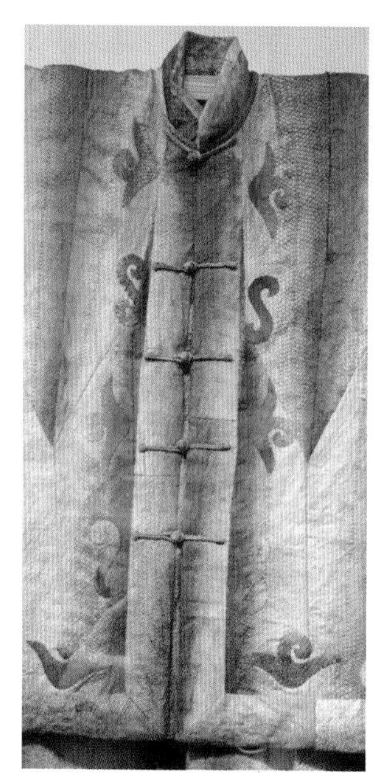
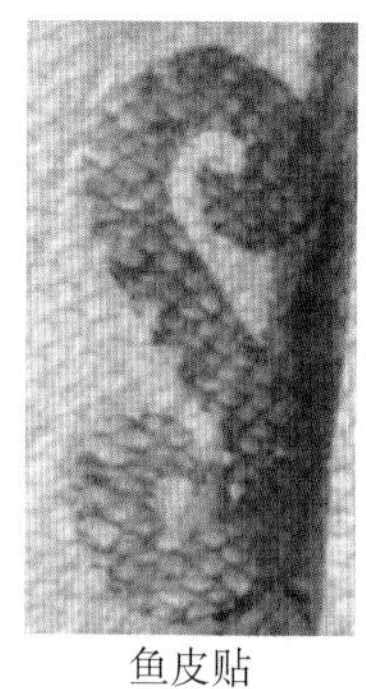
鱼皮贴
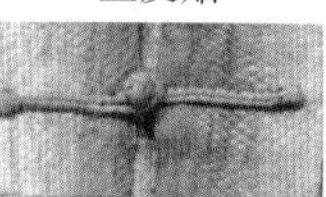
盘扣
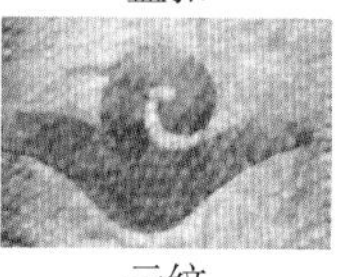
云纹

图 1-10　赫哲族鱼皮衣上的贴花工艺

图 1-11　鄂伦春男袍开衩上端的云纹刺绣

图 1-12 为用这种工艺装饰的狍皮手套，多为猎人冬季狩猎时使用。这件狍皮手套的手掌部分采用冬季绒毛狍皮，鞠处用薄的狍皮缝制。皮板朝外而毛朝内，呈圆头筒状。手套在手腕处开有一口，手可从此处伸出缩入，既方便握枪持刀或处理猎物，又可以避免手部冻伤。

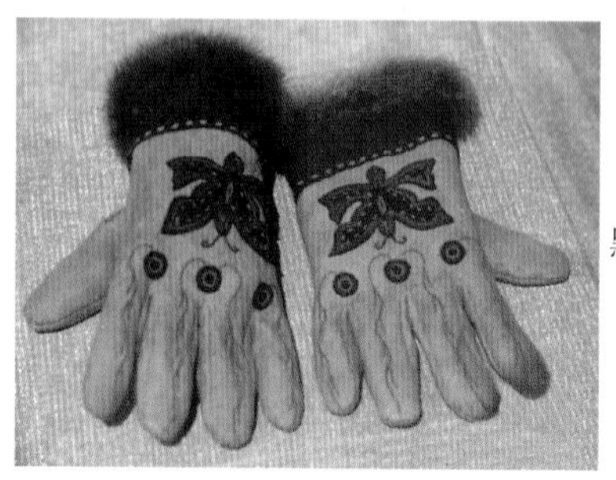

黑色薄皮贴花

图 1-12　鄂伦春族贴花狍皮女手套

4. 蒙古族服饰手工艺

蒙古族悠久的历史、独特的生态环境以及“逐水草而迁移”的游牧生活产生了与之相适应的民族服饰文化。由于散居各地，其服饰又形成了多姿多彩的地域特点。蒙古族服饰由长袍、靴子、首饰、腰带四个主要部分构成，服饰的主体是蒙古袍，其特点是右衽、斜襟、高领、长袖，下摆基本上不开衩。男袍较为宽大，女袍则以紧身为特点。袍边、袖口、领口多以绣“盘长”、“云卷”纹样为饰，同时还镶嵌绸缎花边，并钉缀虎豹、水獭、貂鼠等皮毛。蒙古族服饰手工艺主要通过刺绣、镶边和雍容华贵的金银珠翠等缀物装饰来表现。

图 1-13 为蒙古族传统绣花夹靴，由黑布制成，靴帮、靴靿均有用彩色丝线绣制的花卉图案。这种绣花夹靴男女均可穿着，虽然保暖效果不如皮质靴子，但是具有穿着轻便、舒适，透气性好的优点，主要流行于农区及半农半牧区。通常男靴多绣盘长结（象征吉祥）、云卷（象征吉祥如意）图案；女靴则多绣花卉，例如绣杏花象征爱情、绣石榴则寓意多子多福。

图 1-13　内蒙古蒙古族纳绣绣花布靴

图 1-14 为蒙古族传统翘尖长靿牛皮男靴靴面处的贴花工艺。这双靴子靿高约 30 厘米，靿口呈马蹄形，靴尖上翘 6 厘米左右，靴底为手工纳成的“千层底”。高靴靿便于骑马和蹚草地，而上翘的靴尖则是便于勾踏马镫，适宜在戈壁、沙漠和草地上行走。靴面贴饰有盘长结、云纹等图案，靴帮、靴靿镶嵌有绿色梁。

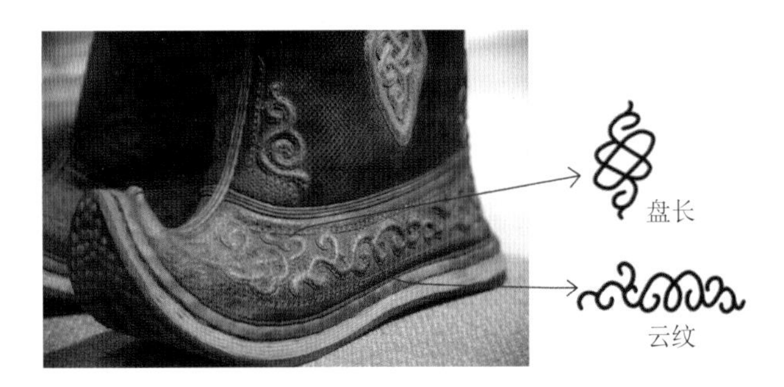

图 1-14　内蒙古蒙古族纳底翘尖牛皮靴上的贴花

图 1-15 为青海海西蒙古族女袍腰身上的螺纹刺绣图案。这套服饰内层为粉红色暗花缎大襟右衽马蹄袖方领长袍，腰身较窄，在方领、襟、摆、袖上的镶线用红、绿、蓝等亮色。这种方领的长袍与其他地区蒙古族立领长袍不同，是青海蒙古族妇女特有的盛装。在方领长袍外面套有蓝色锦缎对襟无领无袖长袍坎肩，多褶收腰，腰部和下摆用彩色绸缎装饰。

图 1-15　青海蒙古族对襟束腰女服上衣的螺纹刺绣

图 1-16 为蒙古族传统摔跤服的镶嵌铜钉工艺。这件摔跤坎肩为牛皮制成，边缘镶嵌铜铆钉，背部中央补饰有铜制的蒙古文团纹图案，风格粗犷。因材料质地挺括、结实，具有很好的防护性能，因此任凭摔跤手如何激烈地撕拉、揪扯、勾绊，都不会损坏。

5. 鄂温克族服饰手工艺

鄂温克族人口较少，且居住分散，多与蒙古族、达斡尔族、鄂伦春族和俄罗斯族等少数民族杂居。因此，在服饰手工艺方面与上述各民族多有相似，尤其是鄂伦春族。鄂温克族人以穿皮袍为主，脚配犴皮靴，如图 1-17 所示。冬季皮袍的衣领、开衩、衣襟和底边处镶有黑白相间的薄皮边或云纹，腰带上也同样挂着绣花的烟袋，狍皮手套上绣有精美的图案（图 1-18）。鄂温克族男子戴圆锥形的帽子，帽顶尖装饰有红缨穗，上翻的帽檐用黑色或红色丝绒制成，并缀饰有亮片或珠串，形成立体的图案装饰。妇女长袍的立领、盘肩、袖口、衣襟边、底边处也均镶有花边图案，而且花边图案象征着女性的年龄及婚姻状况。

图 1–16　内蒙古蒙古族牛皮摔跤服上的嵌铜钉工艺

（二）西北地区

西北地区一般指陕西、宁夏、青海、甘肃和新疆维吾尔自治区，这里主要聚居着回族、东乡族、保安族、撒拉族、土族、裕固族、维吾尔族、哈萨克族、柯尔克孜族、锡伯族、塔吉克族、乌孜别克族、俄罗斯族、塔塔尔族等少数民族。这一地区少数民族服饰丰富多彩，各少数民族服饰手工艺也各具特色。

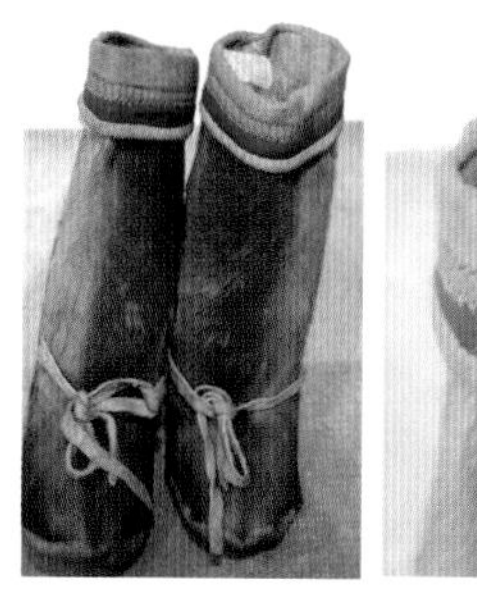

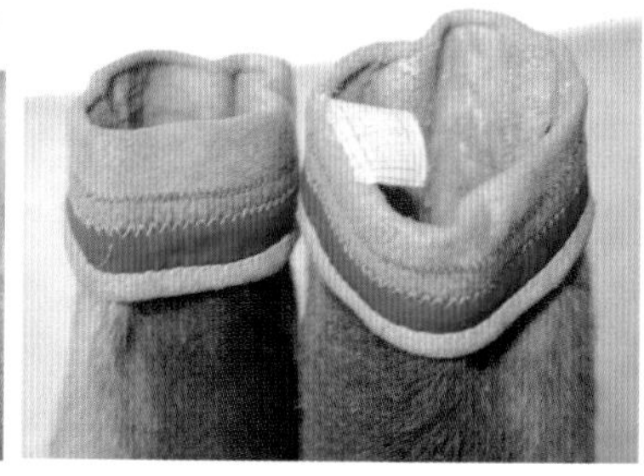

靴口

图 1–17　鄂温克族犴皮靴

1. 土族服饰手工艺

土族的服饰具有十分鲜明的民族特色，其服饰手工艺主要通过刺绣、镶边、拼接、织花、缀物等方法来表现。土族男子小领斜襟长衫的胸前镶饰有一块 13 厘米 ×13 厘米的彩色绣花片，腰带上盘绣花草图案，领口、袖口、底边和衣襟边缘镶有红、黑边饰，下身的围兜上绣有“鸳鸯戏水”、“富贵长春”之类的吉祥图案，脚穿绣花布鞋。图 1-19 为土族传统式样的男绣花布鞋，鞋为双梁船形，白色布面上绣云卷纹盘线图案，鞋帮上饰有碎花，以黑边相配，寓意富贵吉祥。鞋底比较厚实，为麻线纳

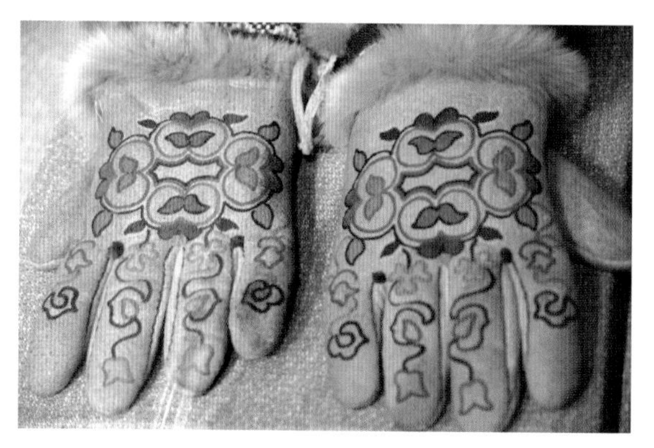

图 1–18　鄂温克族绣花狍皮手套

制而成，结实耐磨。因为鞋的两片鞋帮在前部缝合，并且夹有半寸的宽条，形成了两溜高楞，楞上用线密密地错缝，使鞋梁部位突起两道，所以也称其为“双楞子鞋”。

土族妇女绣花小领斜襟长衫上有极具特色的镶拼条纹图案装饰，袖子由红、橙、黄、蓝、白、绿、黑七色或红、黄、绿、紫、蓝五色彩布或彩缎拼接而成，称之为“七彩袖”或“五彩袖”，且每种色彩都有寓意。在长衫外套有黑色、紫红色或蓝色大襟坎肩，腰上系两端绣有花鸟虫蝶、云头纹或盘线图案的腰带。腰带上吊有“罗藏”和褡裢。铜、银薄片制成的“罗藏”有兽头形、桃形、圆形等样式。褡裢由三块绣片缝合相拼而成，下端有彩穗。图 1-20 为土族的传统女服，内层为绸缎和棉布制成的大襟右衽长袍，袍外罩短坎肩。长袍衣袖的红色代表太阳，蓝色代表天空，黄色代表五谷，白色则代表乳汁。在衣服前襟右侧系有绣花腰带，左侧是前搭子和针扎。腰带和前搭子一头有刺绣的花、鸟、蜂、蝶、彩云、几何纹等花纹图案。

图 1-19　土族传统男鞋

(a) 土族女服

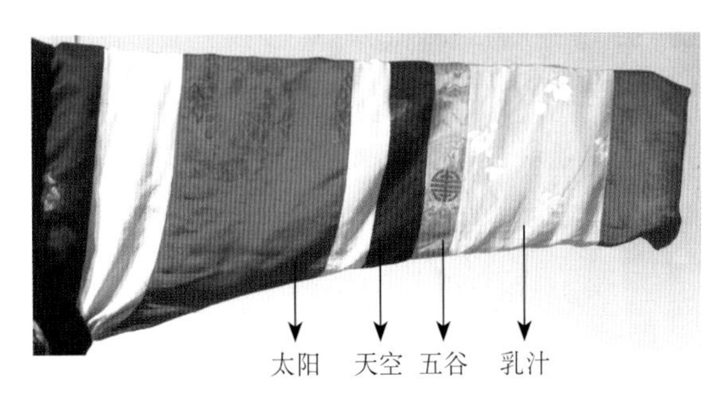

(b) 长袍衣袖颜色释义

花卉纹

鸟纹

几何纹

(c) 花纹图案

图 1-20　土族服饰

土族妇女的头饰丰富多彩，不同地区也不尽相同。传统头饰“吐浑扭达”颇具特色，上部为织锦制成的半圆形，镶饰五色珠串、贝壳和海螺，额顶覆一红色方巾，额前垂饰红丝穗。后部缀一碗状银饰“向斗”，用银簪固定在发髻上，银簪两端系红穗垂于后背，十分抢眼。有的地区妇女则头戴有檐的礼帽，在帽子上饰有绢花为立体装饰。土族无论男女都喜穿绣花鞋，绣有云纹、花草纹、彩虹纹、梭形格纹等图案。

2. 裕固族服饰手工艺

裕固族服装款式与蒙古族接近(图1-21)。男子喜穿高领长袍，系腰带，戴毡帽。女子也身穿高领、斜襟或大襟长袍，两侧开衩并绣有云纹图案，两衩、领口、袖口、襟边、底边绣有红色窄牙子和黑色宽牙子。裕固族女子戴头面和辫套，喜着靴子。头面是裕固族女子出嫁时佩戴与发辫相配的带状饰物。裕固族姑娘出嫁时戴头面的习俗，相传是为了纪念本民族女英雄萨尔阿玛珂。萨尔阿玛珂是裕固族白山头目的妻子，英勇善战，受到坏管家陷害惨死。后人为了纪念她，在姑娘出嫁时必须佩戴头面。头面前胸镶嵌红色念珠代表萨尔阿玛珂的乳房，后背的白色海贝代表她的白骨，帽尖上缀的红缨穗代表头顶的鲜血。在出嫁之日，裕固族姑娘都要举行隆重的穿嫁衣、戴头面仪式。戴上头面表示已婚，头面有三条，佩戴时胸前垂两条，背后垂一条，分别系在用多条小辫编成的三条大辫上。头面每条分为三节，每节之间用金属环连接。垂于胸前两侧的头面多用红布、青布或红色香牛皮做底，丝线绲边，上截较宽，约11～12厘米，顶端呈三角状；下面两截稍窄一些，约7～8厘米，垂于腰下。带上有序地用珊瑚、玛瑙、松石、海贝、珍珠和银牌、铜牌等镶饰构成各种图案。下端缀彩色丝穗，美观大方。上端自耳际编入发辫，中

(a) 服饰正面

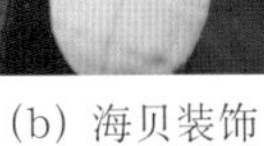
(b) 海贝装饰

(c) 头面细节

(d) 立体装饰

(e) 领口局部

(f) 袖口贴花

图 1–21　裕固族海贝珊瑚头面锦缎女服

间扎进腰带，下端拖至脚面。背后的一条用青布作底，各色丝线绲边，从上到下缀有用白色海螺磨制的大小不等的圆形海贝片。头面长度视个人的身材高矮而定，一般要求上齐耳根，下至长袍底边。裕固族服饰手工艺多用镶边、刺绣、贴花和缀物的表现手法，图案与服饰的色彩艳丽，协调统一。

3. 维吾尔族服饰手工艺

维吾尔族服饰制作手工艺十分复杂讲究，刺绣、扎染、织花、编织盘绕、镶边、缀物等手工技法并用，模戳多色印花和单花镂版印花技术更是其印染工艺的独创。

维吾尔族男装服饰手工艺主要体现在白色合领衬衣领口、前胸、袖口处的绣花边饰，

图 1-22　维吾尔族花帽

图 1-23　维吾尔族男子传统服装（一）

图 1-24　维吾尔族男子传统服装（二）

长袍袖口、衣襟边、底边连绵不断的花草刺绣边饰以及历史悠久、款式多样、纹样精美的花帽上（图 1-22）。花帽是维吾尔族人特有的服饰之一，工艺精湛，有刺绣、镶嵌、编织、盘金银线等不同手法。各地花帽也各有特点，如南疆喀什的男子花帽以巴旦姆（火腿纹或腰果纹）纹样为主，四个巴旦姆花纹旋转排列构成帽顶的主体纹样；曼波尔花帽则为细腻的、散点排列的满地花纹，色彩高雅。吐鲁番的花帽红花绿叶相配，色彩艳丽。而库车的花帽缀以珠串、金银饰片为主要装饰物，璀璨夺目。图 1-23 为维吾尔族男子传统服装之一。花布里，丝质条纹布面，交领对襟，无纽扣，衣长过膝盖，衣身肥大，多在喜庆吉日时穿用。图 1-24 为另一种维吾尔族男子传统服装。白布里，黄缎面，交领无扣，穿着时用腰巾扎系，周身用本色黄线纳绣成花瓣形花纹图案。

维吾尔族妇女喜穿对襟长袍，领口、衣襟边、底边和袖口处镶饰有织绣的绸缎花边，胸前两侧装饰有并排的三条或四条弧形的带状装饰，有的为织金缎带，有的为织锦缎带。维吾尔族妇女，不分老少，均喜穿连衣裙，其中以爱德莱斯绸[1]为上品，花纹由深到浅，活泼自然，形成了别具一格的带有层次感和色差过渡面的独特图案（图 1-25）。在连衣裙的外面常套有金丝绒对襟坎肩，冬天则套一件长袷袢或是讲究的绸缎合领或高领外衣，外衣的领口、胸前和两侧开衩处绣有云头如意纹，制作

[1] 采用扎染经线编织而成的丝绸，其纹样多为变形的水波状、羽毛状，是维吾尔族颇具特色的服饰手工艺之一，详见本书第三部分“拣丝练线红蓝染：少数民族平面式服饰手工艺”。

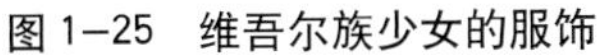

图 1–25　维吾尔族少女的服饰

图 1–26　维吾尔族女子的头巾

图 1–27　柯尔克孜族毛线绣上衣

精美的还会用金银线盘绣团花或散花。下身穿着裤口饰有绚丽绣花纹饰的印花长裤。由于维吾尔族信奉伊斯兰教，妇女外出要包头巾，有的用五彩亮片装饰，显得娇艳高贵（图 1-26）。颇具西域风情的维吾尔族妇女花靴，既便于骑射又保暖御寒，上面饰有卷草、折线、水波纹、散点纹等图案装饰，与裤装搭配显示出刚毅之美。

4. 柯尔克孜族服饰手工艺

柯尔克孜族生活在高原山区和牧场，因此服饰带有鲜明的草原畜牧生活和高寒山区的特征，其服饰手工艺以刺绣为主。柯尔克孜族在刺绣的图案装饰上鲜有人物、动物图案出现，常见的图案纹样为植物、自然现象等内容。通常以植物的枝、叶、蔓、果实及雪峰等图案为刺绣内容，或以直线、曲线、弧线构成正方形、长方形、圆形、多边形等各种各样的规则或不规则的几何图形，用连缀或不连缀的方式演变成各种图案，色彩鲜艳、明快、匀称，且以黑白红蓝为主要色调，尤喜用红色，对比强烈，富有感染力。图 1-27 为柯尔克孜族男子婚礼服，用绒布制成，上衣为交领对襟无扣。衣裤沿边均用彩色毛线刺绣装饰，纹样为二方连续和单独纹样，用多色毛线绣制而成。

（三）西南地区

西南地区，是指云南、西藏、四川、重庆和贵州等地，这里主要聚居着藏族、门巴族、珞巴族、羌族、彝族、白族、哈尼族、傣族、傈僳族、佤族、拉祜族、纳西族、景颇族、布朗族、阿昌族、普米族、怒族、德昂族、独龙族、基诺族、苗族、布依族、侗族、水族、仡佬族等少数民族。西南地区少数民族服饰手工艺受到地理环境、经济文化、历史渊源等诸多因素的影响，呈现出多元化发展趋势。

1. 藏族服饰手工艺

藏族服饰华丽、繁复，按照不同的地理位置、语言、习惯和生活方式将其服饰分为卫藏、康巴、安多和嘉绒四大区域。藏族服饰手工艺技法主要有刺绣、织花、扎染、缀物等，主要应用在氆氇围腰、辫筒、腰带、斗篷、头饰等。藏族男女的装饰物可谓缤纷多彩，大量运用缀物手工艺是藏族服饰的显著特色之一。盛装时，头饰、发饰、髻饰、项链、胸饰、腰饰、耳环、戒指等一应俱全。其质地品类较多，有金、银、铜、螺钿、贝类、玛瑙、松石、玉、翡翠、珊瑚、珍珠、蜜蜡、琥珀等。藏族服饰深受藏传佛教意识的影响，讲究“圆满服饰十三事”。每个人都佩戴护身盒“嘎吾”，有圆形、半圆形、八角形、佛龛形等外形，内装小佛像、经书或圣物。藏族的服饰图案也受到藏传佛教的影响，因此，在藏族服饰中常将万字纹和十字纹补绣于服装的背部或胸部。一些地区氆氇、羊毛斗篷上也印有大量的十字纹，缠腰的织花带也主要以万字纹和十字纹两种符号为主。

2. 羌族服饰手工艺

羌族的服饰特点以及服饰深层的文化内涵与西南各部族的渊源关系甚密。如羌族服饰上由对火的崇拜而形成的火镰纹，以羊为图腾，进而崇尚白色，在服装上绣饰羊角花的习俗在西南地区彝族、景颇族、白族、傈僳族等民族服饰中都有所体现。羌族服饰主要通过刺绣工艺来实现，刺绣在明清时代就很有名，较为出色的图案有“鱼水和谐”、“团花似锦”、“云云花”等。羌族服饰刺绣图案构成形式多样，有单独纹也有连续纹样，纹样内容丰富广泛。例如，有几何形，如十字纹、万字纹、犬齿纹、涡形纹、日月星辰纹等；有动物纹，如蝴蝶纹、龙凤纹、猴纹、鸟纹等；有植物纹样，如八瓣花纹、树纹、羊角花纹等（图 1-28）。

图 1–28　羌族绣花围裙

3. 彝族服饰手工艺

彝族服饰遵循着千百年来本民族在宗教、哲学、美学、习俗等方面的特有文化，表现为尊虎、敬火、多神崇拜和万物有灵的信念。多彩古朴的彝族服饰主要通过刺绣、编织盘绕、贴花、补花、蜡染、镶边、绲边、缀物等手工艺技法来表现，且一件衣服的图案制作可同时使用多种手工艺，不仅美化了服饰，更重要的是将彝族的历史、风俗和宗教融于一体（图 1-29 ～图 1-31）。彝族服饰不下三百种，装饰图案也有千种之多，其题材大致可以分为四类：动物、植物、人物和几何纹样。

4. 白族服饰手工艺

白族崇尚白色，并以此作为本民族的名称。白族服饰清爽大方，色彩清淡轻盈。其服饰受到民族习俗、心理、崇拜的影响，体现出丰富的文化内涵。例如，与彝族一样，白族人自称为虎的后代，以虎为图腾。民间崇虎的习俗表现为孩子头上戴的虎头帽、脚上穿的虎头鞋以及妇女包头帕上的虎纹刺绣

图 1–29　云南红河州彝族刺绣围腰

图 1–30　云南红河州彝族服饰上的刺绣与银泡

图 1–31　云南红河州彝族镶有银泡的头饰与刺绣围腰

等。白族崇拜龙，视龙神为“本主”。白族妇女有耍龙的习俗，所穿的上衣多前短后长，象征龙尾，以体现自己是龙的后代，并在服饰上刺绣龙纹，祈求风调雨顺、国泰民安。除了虎、龙之外，白族人还常在头帕、围腰、挎包等服饰上描绘出牡丹、梅花、蝴蝶、公鸡、人物等预示吉祥的纹样，通过服饰图案来自我安慰同时增强心理上的安全感。在服饰的表现工艺上，除了刺绣、镶边、缀物等，白族妇女还将古老的扎染手工艺运用于服饰的表现中，其纹饰以几何纹为主，繁复多变，加上扎染的水色变化，形成了清新雅致的格调（图 1-32）。白族妇女充分发挥扎染手工艺的特点，将扎染与补花等手工艺相结合制成头帕、围裙、腰带、上衣等服饰，十分新颖别致。

图 1–32　大理白族妇女的扎染头饰

5. 哈尼族服饰手工艺

受到地理位置的影响，哈尼族形成支系众多、服饰异彩纷呈的特点。不同支系、不同地区的哈尼族服饰都有所差异，但都较多地保存着本民族固有的传统服饰特点，具有丰富的文化内涵。在哈尼族服饰手工艺中，刺绣的比重不大，多由补花工艺来表现，并在服装中大量缝缀银泡、银币作为立体装饰。除了银饰上的花纹显得璀璨夺目，在服饰上形成特殊的美感外，哈尼族还将银饰作为家庭富有和财富的象征。哈尼族服装如图 1-33 ～图 1-37 所示。

银泡装饰

图 1–35　云南红河哈尼族女子服饰前襟上的银泡

图 1–33　云南红河哈尼族女服上的银泡装饰

图 1–36　云南红河哈尼族织花头饰

流苏

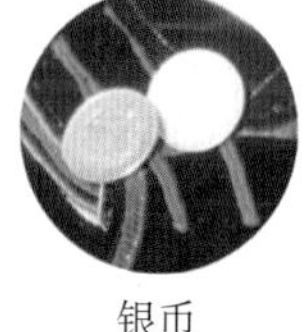

银币

图 1–34　云南红河哈尼族服饰上的银币纽扣

图 1–37　红河州哈尼族服饰

6. 傣族服饰手工艺

傣族以文身为饰，同时将其作为美的象征和成年的标志。服饰图案作为文身的延续，展示出傣族的审美追求。一般来说，傣族男子会选择动物纹作为文身纹样。例如，傣族崇拜龙蛇，男子将双腿文上花纹以示自己是龙蛇的子孙，祈求祖先的护佑。而傣族妇女则在衣裙上刺绣由菱形、三角形构成的带状图案（图1-38），犹如蛇身上的花纹，或使用银泡装饰，仿若龙蛇身上的鳞甲一般。傣族织锦是除刺绣、彩色印花、拼接、缀物等工艺技法外，较具有民族特色的服饰手工艺。服饰中的傣锦多为几何纹，例如万字纹、勾纹、回纹、八瓣花等纹样，色彩绚丽明快，制作精良（图1-39、图1-40）。傣锦被镶拼在服饰的袖口、襟边、头帕、腰带等处，点缀在傣族人黑色的衣裙上，给人以原始、古朴、神秘的美感。

图1-38　云南德宏州傣族女子刺绣发饰（左上图）

图1-39　云南红河州傣族织锦桶裙（右上图）

图1-40　傣族的织锦筒裙（左下图）

7. 拉祜族服饰手工艺

拉祜族人崇拜狗和葫芦，所以犬齿纹、葫芦花、葫芦纹是其服饰中常用的图案。拉祜族服饰手工艺丰富多彩，除刺绣外还常用镶拼、缀物、绲边、织锦等装饰手法。例如，黄拉祜族妇女随身携带的织锦挎包上，用五彩线挑绣几何纹、犬齿纹和葫芦或葫芦花图案。在拉祜族服饰图案中还有大量的几何纹样，如方形、三角形、条纹等。图 1-41 为黑拉祜族妇女身穿的长衫，在衣襟边缘、袖口、高开衩处镶有几何形花边或以色布拼接成三角形的五彩图案，其高领上镶饰有银泡、银缀、银牌，衣襟边缘镶嵌有三角形图案的银泡。另外，拉祜族男女的包头艳丽多姿、各式各样，或编或缀，或彩珠或瓔珞，或珠串或流苏的形式使包头成为拉祜族独具特色的缀物装饰。这个习俗既满足了人们生产和生活的需要，又符合了拉祜族的民族心理和审美追求。

8. 纳西族服饰手工艺

纳西族服饰手工艺主要体现在七星羊皮披肩、鞋靴的刺绣、领口和衣襟处的镶绲边、氆氇上的条纹织花以及摩梭人发辫、衽扣处的缀物装饰上。其中，以七星羊皮披肩最为特色。披肩以羊皮和厚布缝制，蓝色布贴黑色条绒布为饰，下接白色熟羊皮，间缝钉 7 个圆圈形纹

银泡

毛线穗球

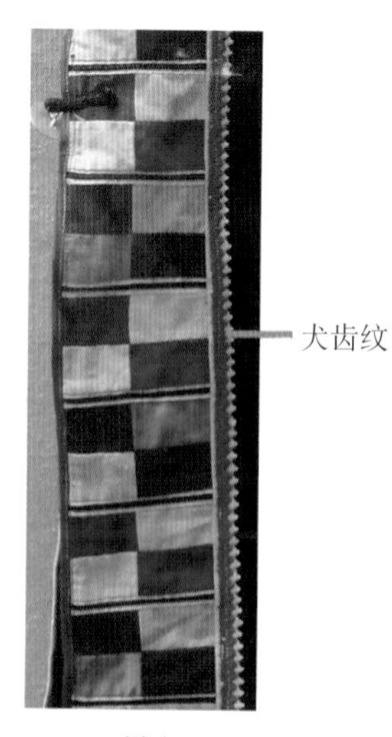

拼布

图 1-41 拉祜族补绣女袍

饰，圆形中心钉两条 40 厘米长的革带，并用彩线在圆圈形上绣以花纹，如同光芒四射的星月，比喻其祖先如负日月星辰，象征勤劳之意。在披肩上方两侧有白色的背带，带头装饰有黑色刺绣，图案内容有人物、动物、花卉，下部有蝴蝶纹，穿戴时在前身胸部以上形成了一个独特的交叉“×”形，这也成为纳西族的符号和象征（图 1-42）。

9. 苗族服饰手工艺

苗族是我国支系最多的民族之一。由于手工艺技术丰富且不受任何局限，苗族服饰也主要通过多姿的服饰手工艺来表现本民族服饰的造型美感。苗族服饰的手工艺既有绣，又有染，还有织花、贴花、补花、缀物以及其他各种综合技法等工艺，将服饰刻画得淋漓尽致，异彩纷呈。其服饰手工艺的技艺方式和地区支系的不同，也使得同一主题显现出鲜明的地方特色和艺术个性。同时，这些手工艺不仅装饰了苗族的服饰，同时能反映出苗族的历史，闪耀着苗族原始艺术的光辉。长期生活在大自然中的苗族充满了对自然万物的热爱与崇敬，用服饰手工艺记载了苗族的万物有灵、图腾崇拜的原始宗教文化。例如，蝴蝶纹描述了苗族传说中人类的始祖——蝴蝶妈妈，苗族人通过各式各样的服饰手工艺，或蜡染或刺绣，将变形的蝴蝶纹装饰在服饰中。可以说，苗族服饰手工艺蕴含着苗族自身的历史印记、生存观念、宗教意识和审美情趣（图 1-43 ～图 1-52）。

带头刺绣

星

图 1-42　纳西族妇女的“披星戴月”披背

图 1-43　花溪苗族十字挑花围裙

图 1-44　苗族织锦锁绣鸟纹围裙

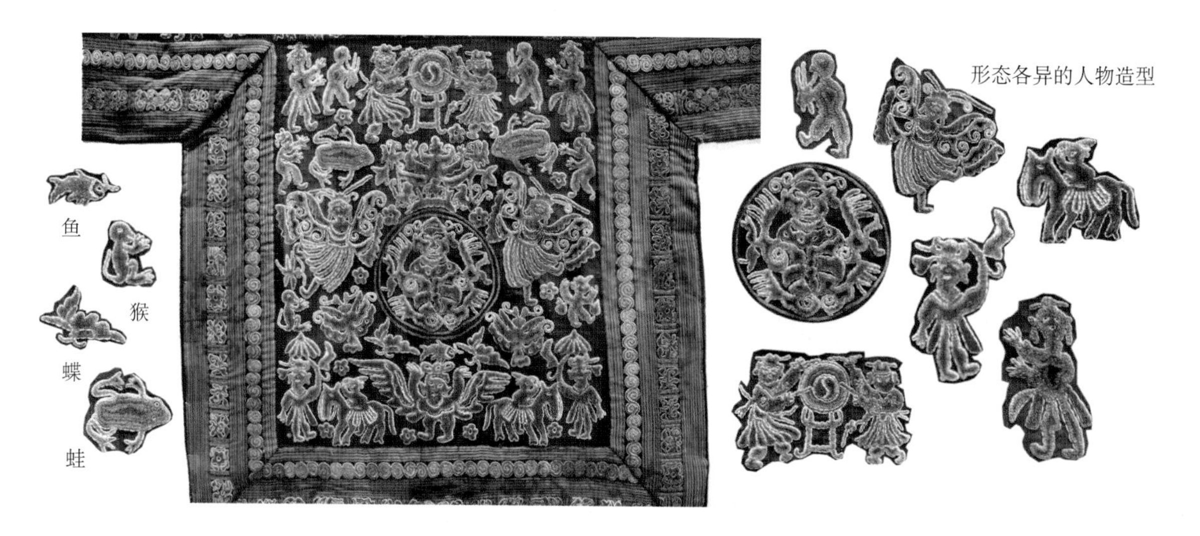

图 1-45　苗族央公央妹开天辟地纹背扇

图 1-46　苗族刺绣鸟纹袖片

图 1–47　苗族刺绣牛龙纹袖片

图 1–48　贵州黄平俫家蜡染围腰

图 1–49　贵州雷山桃江苗族服饰

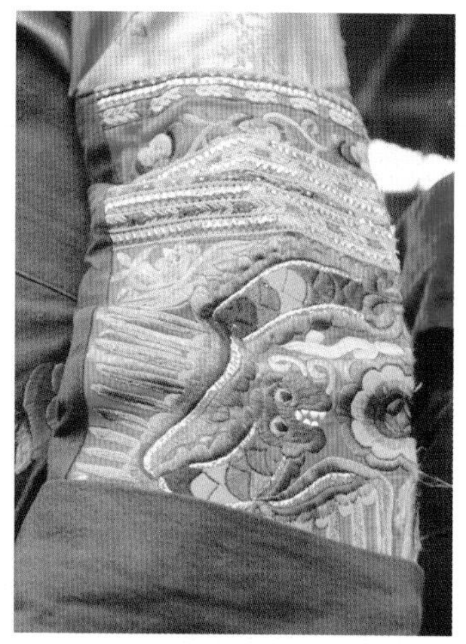

图 1–50　西江千户苗寨老年妇女的盛装

图 1–51　贵州施洞苗族盛装及局部展示

刻有“二龙戏珠”纹样的银饰

图 1–52　参加姊妹节的反排村苗族姑娘

10. 侗族服饰手工艺

侗族服饰发展变化较大，服饰手工艺体现出侗族古老的文化，多为先民原始崇拜的传承。侗族人崇拜日月星辰、鸟、蛇、葫芦、蜘蛛、榕树，因此，在服饰中常常可以看到太阳纹、月亮纹、万字纹、十字纹、凤鸟纹、龙蛇纹、榕树纹等纹样。而这些纹样则主要通过刺绣、织锦、镶边、缀物等形式多样的手工艺来完成（图 1-53 ～图 1-59）。

图 1–53　侗族衣领上的刺绣

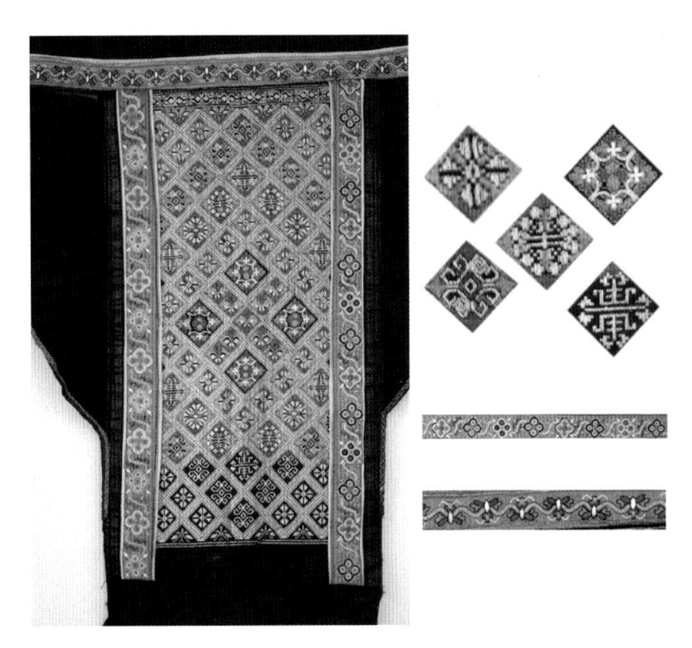

图 1–54　侗族织锦背扇（一）

图 1–55　侗族织锦背扇（二）

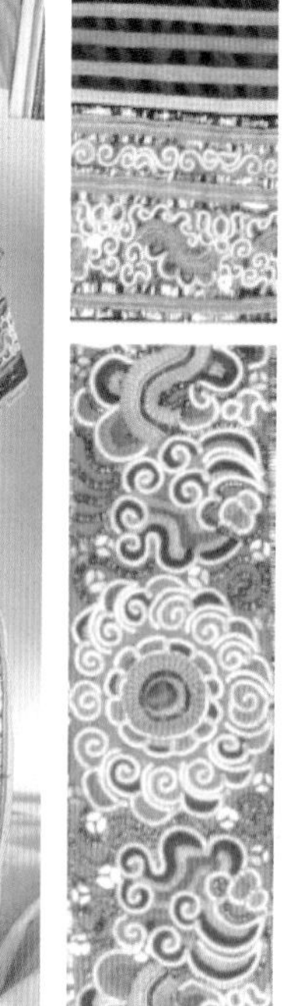

缠绣

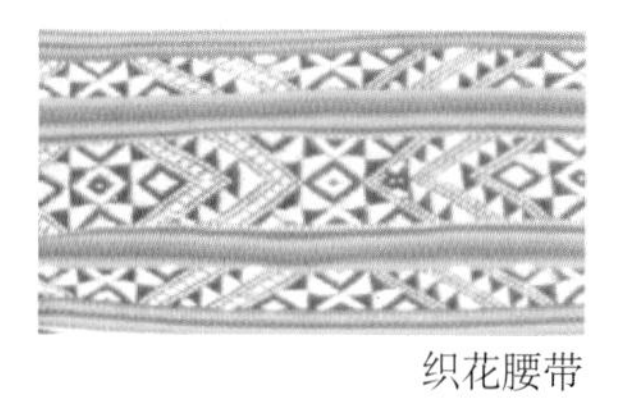

织花腰带

图 1–56　黎平尚重侗族盛装

图 1–57　侗族刺绣围腰

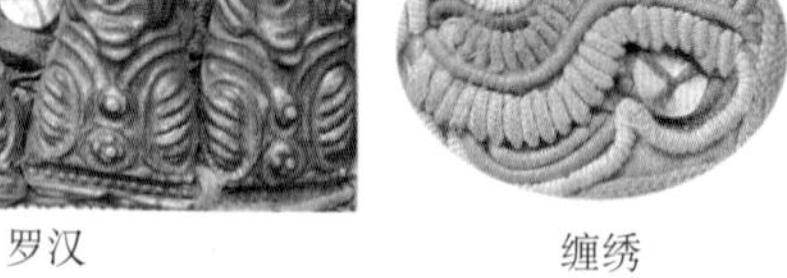

罗汉　　缠绣

图 1–58　侗族缠线绣童帽

图 1–59　侗族船形绣花鞋

（四）中南、东南地区

中南、东南地区一般包括广东、广西、湖北、湖南、福建、浙江、江西、安徽、海南等地。这里主要分布着壮族、瑶族、仫佬族、毛南族、京族、土家族、黎族、畲族、高山族等少数民族。这一地区少数民族服饰带有鲜明的地域文化特征，受所处地理位置气候条件的影响，除居住在山区的民族外，该地区民族服饰大多较轻便，多用自种自织自染的棉布或麻布制成。

1. 壮族服饰手工艺

壮锦为中国少数民族名锦之一，早在宋代就已闻名天下。传统壮族服饰多以自织自染的壮族织锦为服饰面料，因此壮锦为该民族服饰的发展奠定了坚实的基础。除此以外，刺绣、镶边和缀物装饰也是壮族服饰有特色的手工艺。例如，广西红水河流域壮族妇女上衣在盘肩、襟边和袖口上镶黑色宽、窄边各一条，并绣上五彩花卉纹样，图案结构复杂，色彩瑰丽明快。与上衣相呼应，裤子的裤口处挑绣精美的五彩凤鸟纹，夸大变形的羽冠和尾饰十分生动自然。云南壮族妇女的上衣，除了在袖口和下摆处绣有精致的花纹外，还在领边、襟边和弧形底边缀有银泡装饰，凹凸的造型与立体的图案相结合，别致有趣。

2. 瑶族服饰手工艺

据记载，瑶族始祖盘瓠是一只五彩斑斓的龙犬，瑶族男女喜着五色衣以示不忘先祖。因此，其服饰也围绕着这一主题展开。例如，广西红瑶妇女将象征始祖的龙犬纹绣于上衣的衣袖两肩处，中间绣有人纹图案，象征祖先庇护之意；盘瑶妇女上衣胸前的挑花和红色绒球装饰，用来代表龙犬死时吐出的鲜血。挑花、织锦、蜡染、印染以及缀挂的绒球、项圈、银链、银泡、珠串和流苏等共同构成瑶族服饰丰富多样的表现技法（图 1-60 ～图 1-65）。其中，挑花又称“架花”，是一种按照经纬线本身的纹路来组合图案的工艺方法，以配色绣为主，形成了五彩斑斓的各种图案。例如，瑶族的挑花围裙图案通常为对称状，挑有“哪吒闹海”、“双蛇缠树”等纹样，五彩缤纷，别具一格。另外，瑶族蓝靛布的印染也已形成一套完整的技术系统。瑶族服饰纹样的线条多为对角线、垂直线、平行线，没有弧线，这是其织锦、刺绣手工艺的最大特点。

图 1–60　贵州瑶族刺绣背扇半成品

图 1-61　贵州麻江瑶族枫脂染头巾

图 1-62　云南红河州瑶族服饰

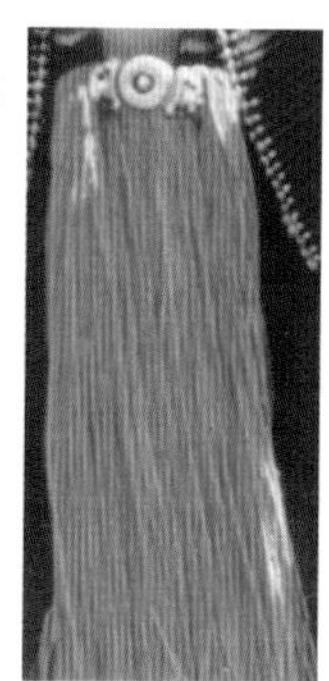

图 1-63　云南红河瑶族女子服饰

图 1-64　云南红河瑶族男服

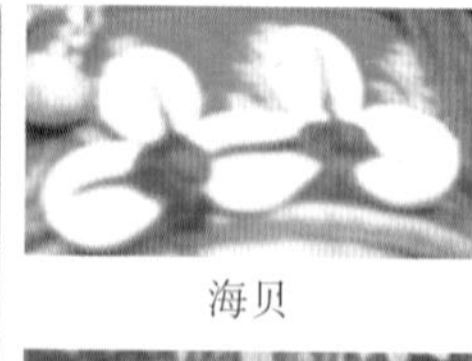

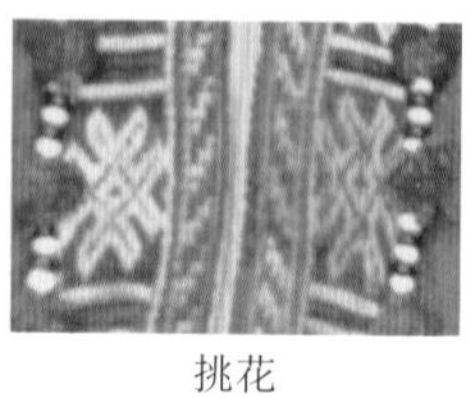

图 1-65　云南红河瑶族童服

3. 土家族服饰手工艺

土家族人善以织锦和刺绣来美化本民族的服饰，其服饰手工艺犹以织锦为特色。土家族织锦图案的构成一为适合纹样或带状纹样，二为棋格状或散点状形成的四方连续图案。除了织锦外，土家族人也善于刺绣（图 1-66）。土家族人上衣的衣襟、袖口、盘肩常镶饰有云纹，妇女传统服饰的袖口处也常用精致的刺绣作装饰。

图 1-66　镇远尚寨土家族刺绣钱包

4. 黎族服饰手工艺

黎族历时久远的文身习俗与其服饰图案形成关系紧密。服饰图案是文身的延续，继承了文身的图腾崇拜、审美需要、氏族部落识别需要等功能。黎族服饰手工艺在纺、织、绣、染方面都有所体现，制作工艺较为复杂。其中，除了黎族织锦外（图 1-67、图 1-68），其著名的绞缬工艺也颇具特色，如东方美孚黎的"教花织布"（扎染经线的织锦）筒裙。包含金银线盘绣、羽毛绣、纳纱绣、双面绣及锁绣等多种针法的刺绣也是黎族服饰图案的表现方式之一。而织绣结合的装饰手法同样为黎族的服饰图案增色不少。值得一提的是，黎族妇女的多圈耳环是一种极为独特的装饰品。

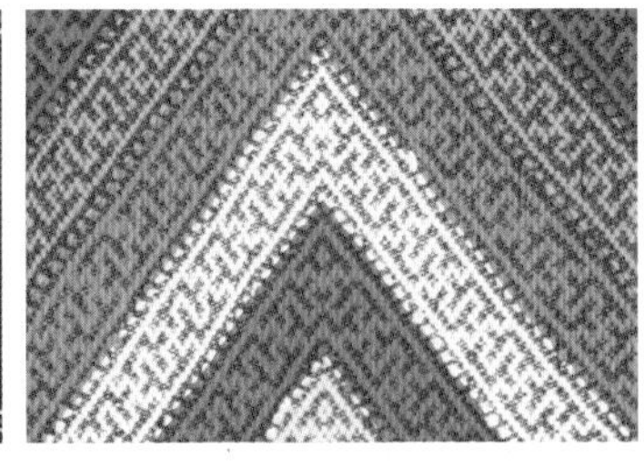

图 1-67　海南美孚黎毛线织锦头巾

图 1-68　海南黎族棉织锦

一掷梭心一缕丝：少数民族传统服饰原料加工

一掷梭心一缕丝

连连织就九张机
从来巧思知多少　苦恨春风久不归

一张机
采桑陌上试春衣
风晴日暖慵无力
桃花枝上
啼莺言语
不肯放人归

两张机
行人立马意迟迟
深心未忍轻分付
回头一笑
花间归去
只恐被花知

三张机
吴蚕已老燕雏飞
东风宴罢长洲苑
轻绡催趁
馆娃宫女
要换舞时衣

四张机
咿哑声里暗颦眉
回梭织朵垂莲子
盘花易绾
愁心难整
脉脉乱如丝

五张机
横纹织就沈郎诗
中心一句无人会
不言愁恨
不言憔悴
只恁寄相思

六张机
行行都是耍花儿
花间更有双蝴蝶
停梭一晌
闲窗影里
独自看多时

七张机
鸳鸯织就又迟疑
只恐被人轻裁剪
分飞两处
一场离恨
何计再相随

八张机
回纹知是阿谁诗
织成一片凄凉意
行行读遍
厌厌无语
不忍更寻思

九张机
双花双叶又双枝
薄情自古多离别
从头到底
将心萦系
穿过一条丝

——宋·无名氏《九张机》

一、少数民族传统服饰原料

（一）中国纺织面料的起源

1. 编结

在上古人类结绳记事的旧石器时代，人类的祖先以渔猎兼采集为主要生产方式，直接攫取野生动植物，与此同时织就诞生了。出于生产生活的需要，人们制造了可以砍砸、刮削的石器，利用渔猎动物的皮、筋或竹、草、柳、藤等天然植物材料编结制成简单的、初具雏形的渔网和篮筐，用以狩猎和采集。之后，又制成御寒的网衣。

在人类服饰的文明史上，最早的式样便是编结和编织。尽管编织物易腐烂而无法保存至今，但在中国原始社会曾经有过编结和编织的历史并不是人们的主观臆测，因为在新石器时代后期半坡和庙底沟的部分陶器上，发现有编织的印痕。事实证明：纤维编织物先于陶器应用于人们的生活，原始社会的祖先们已经将编织的实用功能和美观很好地结合在一起了。人类应是在学会了编织渔网和篮筐后，才逐步掌握了编织技术，进而学会纺织。

2. 纺织

纺织工艺经历了从手工到机织的发展历程。随着采集渔猎和农耕生计方式的发展，人们开始进一步利用植物纤维。在编织渔网和篮筐经验的基础上，人们逐渐意识到：有些植物的外皮纤维较长，如葛、麻等，将其加捻（用手搓捻），会得到更柔软且强度更佳的线。6000多年前的浙江河姆渡文化遗址中发现了中国最早的草绳。

中国最早的纺坠的主要部件——纺轮是在距今7000多年前的河北磁山遗址中被发现的，之后在我国新石器时代仰韶文化时期的众多遗址中，都曾普遍发现陶质或石质的纺轮。纺坠不仅给原始社会的纺织生产带来了巨大变革，对后世纺纱工具的发展影响也极为深远，推动了纺织工艺的发展，并且作为一种简便的纺纱工具，一直被沿用了几千年。近代少数民族居住地区，如云南、西藏等地区仍用纺坠纺纱。

1930年，北京房山周口店山顶洞人遗址中出土了一枚骨针，长82毫米，直径3.1～3.3毫米，针孔直径1毫米，且打磨得十分光滑精致。陕西半坡新石器时代遗址发现了281枚骨针，最细直径不到2毫米。从骨针孔的直径来看，原始皮绳是穿不过去的，可以据此推断：旧石器时代晚期原始人已经学会了纺单纱和股线，具有一定的处理纤维的能力，且已经懂得用针来缝制简单的衣服。

当祖先们掌握了用纺轮将葛、麻纤维纺成线的时候，纺织即开始了。中国最早所知的丝、麻织品实物是在河南荥阳青台村仰韶文化遗址中发现的距今约5630年的碳化丝麻织物[1]。在庙底沟、半坡等仰韶文化遗址中，陶器上留下了织物的印痕，每平方厘米有经纬线各10根左右。据著名纺织史学者黄能馥先生所言：在六七千年前原始母系氏族社会繁荣期，我们半坡仰韶文化的祖先，当时已掌握了麻葛纤维的织造方法。这一时期也是中国发现蚕丝及发明蚕桑养殖缫丝技术的年代。商代对蚕虫吐丝产

[1] 松林，高汉玉．荥阳青台遗址出土的丝麻品观察与研究[J]．中原文物，1999（3）．

生的巫术崇拜已演变为奴隶主阶级尊崇蚕神的风俗。对蚕丝缫丝和织绢年代推断，黄先生认为是“最晚到4700年前”。

新石器时代中期大汶口文化时期，人们的纺织技术又有了进一步的发展。这时，人们已经摆脱了原始的“手经指挂”的织造方法，发明了骨梭。梭的运用使织造的质量和速度得以大大提高。龙山文化时期的骨梭有扁平式的，空洞式的，有一头穿孔的，也有两头穿孔的。人们将搓成的麻线双股或三股拧在一起，以提高纺线的牢度。如今，在部分少数民族地区，一些手工纺织的工具还在继续使用（图2-1～图2-9）。

图2-1 凯里龙场镇西家织布机套线网

图2-2 贵州凯里博物馆收藏的织锦机

图 2–3　榕江车江脚踏纺车

图 2–4　贵州凯里博物馆收藏的纺车

图 2–5　纺纱车和竹纱芯

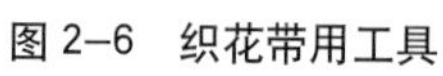

图 2–6　织花带用工具

图 2–7　正在操作腰机的布朗族妇女

图 2–8　正在整理纱线的云南少数民族妇女

图 2–9　云南傣族妇女的集体劳作

3. 画缋

原始人们除了佩戴各种成串的兽骨、兽牙、植物果实等装饰物外，还用文面、文身等方式进行装饰。新石器时代晚期，我国祖先在掌握了手工纺织和缝制衣服的技能以后，就开始将文身的花纹转移到衣服上。不过，在纺织技术还未发展到能在织物上织出花纹时，人们延续文身的概念对衣服进行纹饰装饰。在当时，较为成熟的陶器彩绘技术为其提供了方法，人们直接在衣服上画出纹饰，即服饰艺术中的画缋。画缋技术在中国进入奴隶制社会后，发展成为官府手工业的重要工种。我国周代把绘画、绣、染丝等与丝有关的工艺技术总称为“画缋”。周代天子、诸侯、卿、大夫、士等不同等级官员的服饰上均有各种复杂图案，这种图案一般都是采用画缋工艺，服装手绘装饰在周代出现并得以发展。

考古出土文物印证了古代画缋手工艺在服饰中的应用，如长沙马王堆一号汉墓出土的精美纱袍即为印花敷彩技术，印证了画缋在西汉时仍为重要的装饰手段。画缋也是少数民族不可或缺的装饰工艺，图 2-10、图 2-11 分别为贵州瑶族和苗族的手绘制品。

图 2–10 贵州麻江瑶族手绘图案

图 2–11 苗族手绘图案纸质针线包

（二）少数民族传统服饰用料

我国自然气候条件南北差异较大：北方严寒多风雪，森林草原辽阔，北方少数民族多以狩猎畜牧为生；南方湿热多雨，山地丘陵相间，南方少数民族则多以农耕为主要的生产方式。南北自然环境和生产方式的不同，造就了南北方少数民族不同的民族性格和民族心理，再加上服饰原料的取材不同，便形成了南北各民族间截然不同的服饰风格和服饰特点。

1. 北方少数民族服饰用料

由于严寒气候和游牧狩猎生活的需要，北方少数民族服饰多以经过加工的动物皮毛或毛织物为服饰用料。

长期以狩猎采集为主要生产方式的赫哲族、鄂温克族、鄂伦春族，主要生活在气候寒冷多风雪、人烟稀少的大小兴安岭林区。他们的服饰多以鹿皮、鱼皮、狍皮等动物皮为穿着用料，在掌握熟练的制皮制革加工技术的基础上缝制成保暖性强、防水隔潮的袍服、鞋靴、帽子及手套等，图 2-12 为 20 世纪晚期内蒙古自治区鄂伦春族的女皮靴，厚实耐用，适合在冬季寒冷的雪地上行走。图 2-13 为鄂伦春族人用鱼皮制作的服饰。

属草原畜牧类型的民族有蒙古族、哈萨克族、裕固族、柯尔克孜族、达斡尔族等，主要分布在内蒙古高原、准噶尔盆地一带。他们以畜牧为生产方式，衣服用料多取之于牲畜皮毛，用羊皮缝制的衣、裤、大氅（多为光板），有的在衣领、袖口、衣襟、下摆镶色布或细毛皮。吃肉喝奶、穿皮毛制品是他们鲜明有特色的生活特征。例如，柯尔克孜族毛皮镶边的长袍和裙子厚实而雍容；哈萨克族的驼毛絮里“库普”大衣又轻且暖。图 2-14 为裕固族毛呢制女子长袍，体现出所在地域的生产方式特点。

西北地区的维吾尔、东乡、保安、撒拉等民族和东北地区的朝鲜族、满族等民族属于农耕经济类型，其服饰用料不局限于动物的皮毛，更多地以自织自染的棉麻作为服饰用料，并以各种精美的纹样和图案饰之。

2. 南方少数民族服饰用料

南方少数民族地区宜于种植麻棉，衣裙的主要用料为自织麻布和土布，但是分布在西南高寒地区的藏族、门巴族等民族，则以毛纤维作为主要的纺织原料。因此，南方少数民族服饰用料呈现出多元化的风格特点。例如，怒族妇女善于织麻布，因而怒族男女服饰质地多为麻。苗族则采用麻纤维、棉纤维作为服饰面料的原料。而西南高寒地区的藏族用毛纤维纺纱后织成的氆氇是制作藏袍的主要材料，可抵御高原的寒冷，藏族人还用毛纤维制成帽子、鞋子、藏被、藏毯、围裙，所用工具虽较为简陋，但手工纺纱织就的织物颇为精美、图案朴实绮丽。彝族妇女纺织的原料主要是绵羊毛，也有少量的麻纤维和野生荨麻纤维。妇女们将剪下的羊毛捻成细棉纱，再用几根纱搓成一股，然后手工织成布。

尽管地处南方，但是仍有少数民族喜爱穿用皮毛服饰，南方少数民族的皮毛服饰多为背心、披背等小件服饰。例如，贵州西部和云南北部山区的彝族，穿用一种保持了羊外形的羊皮“领褂”[1]。错那地区的门巴族妇女喜欢在后背上身披一块完整的小牛皮，毛向内而皮板朝外，牛头向上直抵颈项，牛尾朝下，四肢

图 2-12　鄂伦春族女子皮靴

图 2-13　鄂伦春族鱼皮服饰

[1] 之所以称其为“领褂”，是因为四条羊腿已成为十分自然的袖套和带扣，使羊皮“穿”在人身上。其实，这只不过是“披”羊皮的一种变形，即较固定而方便的一种形式。

图 2–14　裕固族毛呢女袍局部

向两侧伸展。每逢喜庆节日、迎亲送友时，门巴妇女如同换新装一样还要换上一张新牛皮，颇具特色。云南丽江纳西族妇女“披星戴月”的羊皮披肩精致且富有文化内涵，象征纳西妇女勤劳能干的个性和美德。纳西羊皮披肩以黑色为佳，皮上缝有白色的宽布带，交叉在胸前用来固定披肩。披肩上方有两个代表日月的大型圆饰，下方有代表七星的七个小型圆饰，七星上缀有羊皮纽带。

二、少数民族传统服饰原料加工

人类织布穿衣经历了漫长的历史。中国商代的缫丝、络丝、织丝染色等丝织技术，制作工艺极为繁复耗时，同时推进了织造工艺、纺织工具的变革和发展。加上古代交通、战争等因素的影响，丝织技术被传播到全国各地，亦影响了各少数民族的原始纺织工艺。

除此之外，和少数民族传统服饰原料一样，其原料加工工艺的发展，受到了地理环境和所属的经济文化类型等因素的影响，表现出明显的差异。相对而言，北方气候寒冷干燥，生活在这里的少数民族多从事狩猎游牧畜牧经济，主要以毛纺织居多，生产技术稍显简单，纺织品风格较为粗放。南方气候温暖潮湿，利于各种作物生长，各少数民族多从事农耕经济，纺织工艺较为发达，主要以麻葛、棉纺织为主，纺织产品精致细腻。

中国少数民族对服饰原料进行加工利用的历史悠久，古代各少数民族在麻、棉、丝、毛纺织和制裘革方面取得了重要的成就。麻、棉、丝、毛以及各种纺织纤维和裘革服饰原料的演进是认识少数民族传统服饰手工艺的前提。少数民族服饰原料加工工艺的多元化发展，为丰富多彩的少数民族服饰手工艺奠定了坚实的物质基础。

（一）麻纺织

人们在没有认识蚕桑以前，主要利用苎麻、葛藤、大麻和苘麻等野生植物的纤维作为纺织原料。苎麻主要产于淮河、长江流域及其以南地区，以江南出产的苎麻最为著名。由于絺（细葛麻）、纻纺织加工精细，一般为统治阶级所用，是平民眼中的奢侈品。除中原地区发展葛麻纺织外，少数民族地区也精于用苎麻纤维织布。《后汉书·西南夷传》记载了滇西少数民族先民哀牢夷地区以生产"阑干细布"[1]而闻名西南。宋代，广西壮族地区苎麻种植和织造盛行，《岭外代答》记载了当地"富有苎麻"，用其织成的"柳布"和"象布"，采用"以稻穰心烧灰煮布缕，而以滑石粉膏之"的工艺，织作时"行梭滑而布以紧"，使织出的布经久耐用，凡"买以日用，乃复甚佳"，被"商人贸迁而闻于四方"[2]。我国台湾土著居民很早就采用植物纤维织布，麻布是高山族的主要衣料。高山族首领还用苎麻织的布缀上珠贝制成"珠贝衣"，作为礼服。

葛，又名葛藤，是多年生蔓生植物。早在西周时期，黄河下游地区已广泛利用葛纤维织布。葛藤主要生长在中国的东南一带，少数民族很早就懂得利用葛的韧皮纤维纺织成布制作衣服，古代东南一带的人用葛纤维织的布质地精美、细腻、轻薄，被称为"越布"、"白越"，是上好的夏衣用料。

麻较易栽培和纺织，有着坚实耐磨御寒透气的特点，因而在近代南方少数民族中仍旧得到广泛的应用。例如，滇中地区的苗族人在身上一前一后，披两块织得十分精致细腻的白色麻布；聚居在云南西盟、沧源一带的佤族人，每逢冬天天冷时外出，习惯于披一块麻织披单，白天当衣，夜晚当被；独龙族人在长期使用麻布的生产生活中，创制了风格独特的用野生大麻织成的独龙麻毯，妇女们先用野生大麻纤维纺成细线，清洗干净后，染上红、黄、橙、绿、蓝、紫等颜色，用手工织成宽七寸到一尺布幅长度不限的麻布，再用线把若干块麻布缝合成毯。捻麻线和织麻布成为许多南方少数民族妇女主要的生产活动之一，她们甚至上山下地、走亲访友的路上也要边走边捻麻线。

[1] 见（南朝宋）范晔《后汉书》卷八十六：南蛮西南夷列传第七十："阑干细布，织成文章如绫锦。"
[2] 见（宋）周去非《岭外代答》卷六：服用门·布，王云五《丛书集战》，商务印书馆。柳、象即柳州、象州，是历史上壮族的主要聚居地，当时苎麻布以柳州和象州所产最为有名。

图 2-15、图 2-16 分别为独龙族的麻织独龙毯和傈僳族的麻织女裙。

（二）棉纺织

棉花原产印度、非洲，后经少数民族传播到我国中原地区。东汉时期，非洲棉经我国的新疆地区传入内地；印度的亚洲棉通过东南亚经我国南方黎族和壮族地域传入内地。

汉代时期，我国主要在东南、西南和西北边疆地区种植棉花和纺棉织布。从历史文献记载来看，黎族棉纺织技术在汉代已非常普及和先进，生产的棉布称作“广幅布”，被官府征收为贡品。

唐代棉织业相当发达，白居易的“桂布白似雪”[1]，印证了桂布在唐代已广泛流传中原地区。唐代黎族棉织技术已显示出较高水平。宋末元初，著名的黄道婆来到海南崖州水南村，向当地的黎族妇女学习棉纺织技术，回到松江府乌泥泾后，将黎族先进的纺织工具和技术带回家乡，经过改良使其家乡成为明朝著名的纺织业中心，享有“衣被天下”的盛名，推动了长江中下游汉族地区棉纺织业的发展。

至清代，黎族、壮族的棉织业进入了一个繁荣的时期，棉织业逐步取代麻织业成为主要的纺织业。在少数民族的服饰用料当中，布依族的色织布（图 2-17、图 2-18）、侗族的亮布（图 2-19 ～图 2-22）、苗族的斗纹布、毛南族的花椒布、水族的水布、土家族的土布、瑶族的亮布（图 2-23、图 2-24）等，都是技法娴熟、风格各异的棉纺织品。图 2-25 为云南怒族棉织条纹女裙，色彩清雅，给人以质朴的感觉。

图 2–15　独龙族麻织独龙毯局部

图 2–16　傈僳族麻织女裙

[1] 出自（唐）白居易《新制布裘》：桂布白似雪，吴绵软于云。布重绵且厚，为裘有余温。朝拥坐至暮，夜覆眠达晨。谁知严冬月，支体暖如春。中夕忽有念，抚裘起逡巡。丈夫贵兼济，岂独善一身。安得万里裘，盖裹周四垠。稳暖皆如我，天下无寒人。此处的“桂布”应如《太平广记》所载，是一种棉织品。

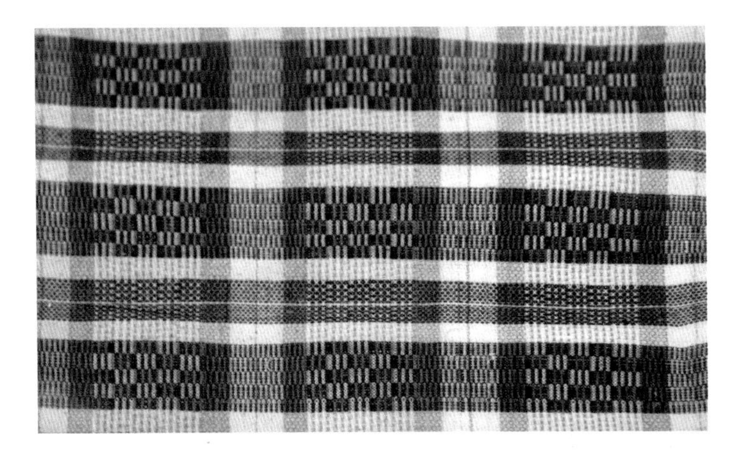
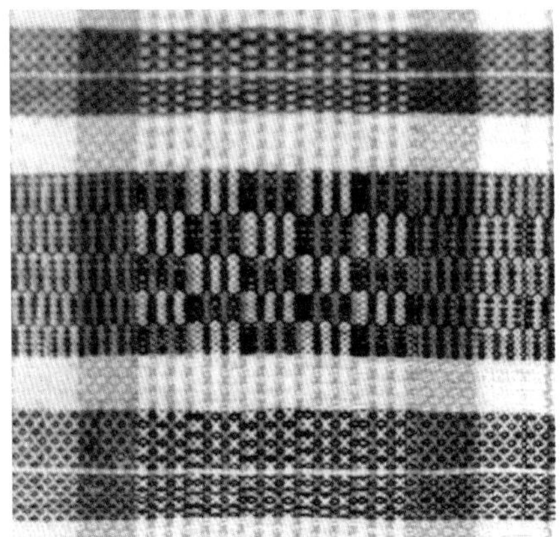

图 2–17　布依族色织壁笆纹布及局部

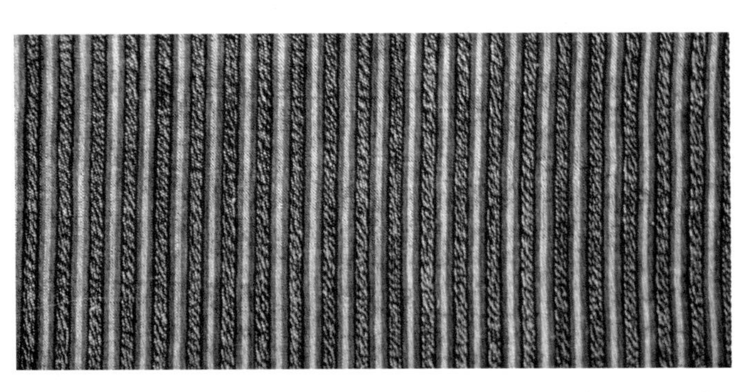

图 2–18　布依族色织布及局部

图 2–19　侗族亮布

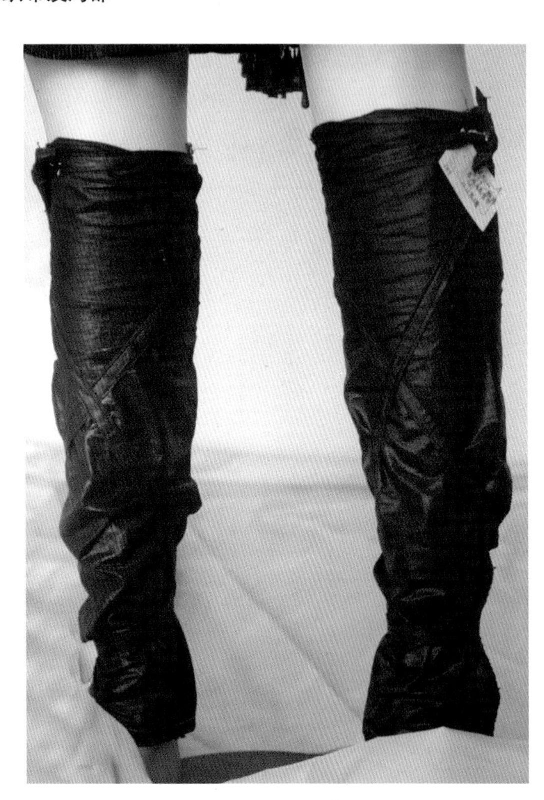

图 2–20　侗族亮布绑腿

图 2-21　贵州从江侗族亮布服饰（一）

图 2-22　贵州从江侗族亮布服饰（二）

图 2-23　用亮布补绣制成的贵州麻江瑶族胸兜

图 2–24　贵州麻江瑶族亮布刺绣儿童背心

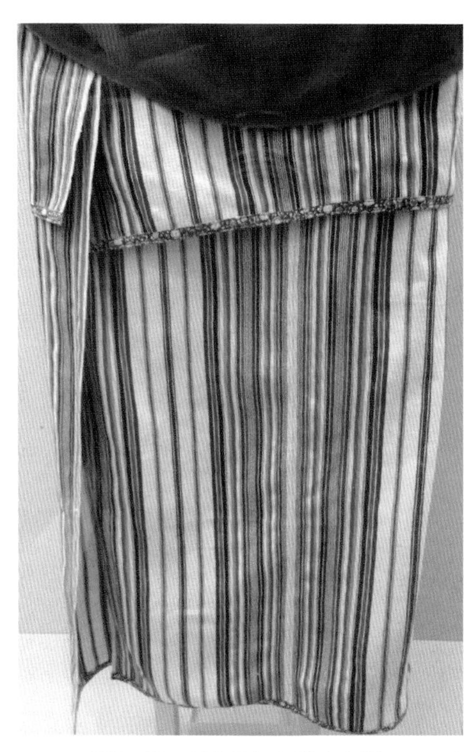

图 2–25　怒族棉织条纹布女裙

（三）丝纺织

在距今约五六千年的新石器时代中期，中国便开始养蚕、取丝、织绸。浙江吴兴钱山漾新石器时代遗址出土的绢片和丝带，经鉴定其材质为家蚕丝；江苏吴江梅堰和浙江余姚河姆渡遗址出土的器物上发现了蚕纹图案。至商代，丝绸生产已初具规模，人们能够熟练操作复杂的织机，具备较高的工艺水平和织造手艺。

战国时代各地丝织业进一步发展，丝绸的花色品种也丰富起来，主要分为绢、绮、锦三大类。秦汉时期，海南已有种桑养蚕织布的记载。贸易推动中原和边疆、中国和东西邻邦的经济、文化交流的进一步发展，从而形成了著名的“丝绸之路”。魏晋南北朝时期，黄河流域丝织业较长江流域更为发达，河北则是黄河流域丝织业最发达的地区。至隋代，中国蚕桑丝绸业的重心转移到长江流域。

唐朝是丝绸生产的鼎盛时期，丝绸的产量、质量和品种都达到了前所未有的水平。白居易在《红线毯》中描写了丝绸的织造：

择茧缫丝清水煮，拣丝练线红蓝染。染为红线红于花，织作披香殿上毯。披香殿广十余丈，红线织成可殿铺。彩丝茸茸香拂拂，线软花虚不胜物。美人踏上来歌舞，罗袜绣鞋随步没。太原毯涩毳缕硬，蜀都褥薄锦花冷，不如此毯温且柔，年年十月来宣州。宣州太守加样织，自谓为臣能竭力。百夫同担进宫中，线厚丝多卷不得。宣州太守知不知？一丈毯，千两丝，地不知寒人要暖，少夺人衣作地衣。[1]

诗人准确、精练地介绍了用茧线织成红线毯的制作工艺流程：择（茧）—缫（线）—（水）煮—拣（丝）—练（线）—（红蓝）染—织（毯）。这首诗是为忧虑蚕桑耗费之巨而作，可见红线毯是以茧丝为原料、工序复杂的高档丝织品。

唐宋时期岭南少数民族的丝织业也有一定程度的发展。唐宋时海南黎族种桑养蚕较普遍，广西左右江的壮族妇女也生产丝织品，但丝织业并不是岭南纺织业的强项。

清代，壮族地区的桑蚕业有了长足的发展，广西成为全国桑蚕业的重要产地，这对壮族地区丝织业的发展，起到积极的推动作用。北京故宫博物院收藏的清乾隆年间贡奉井字纹壮锦便是实物佐证。

（四）毛纺织

毛纺织技术是和丝、麻纺织技术互相交融发展起来的。在商代，居住在西部地区的少数民族，由于进贡，将一种称为“纰罽”的毛织物传入中原地区，至此中原地区才有了毛织物。秦汉时期我国少数民族的毛织工艺就相当发达。西南少数民族用各色毛纱织成色彩斑斓的斑罽。

西北地区少数民族的毛纺织物品原料多以羊毛为主，也有用骆驼毛、牦牛毛、马毛、兔毛等牲畜绒毛。制毡技术是毛纺织的前导，制作毛毡无须纺纱织线，而是经过湿、热等技术处理，反复辗压而使动物毛毡缩粘连在一起而成。元代蒙古族多用毡毛织物，当时设有专门机构中尚监专掌制毡，供内府陈设以及账房、帘幕、车舆、雨衣之用。

新疆民丰尼雅东汉遗址出土的人兽葡萄纹罽、蓝色龟甲四瓣花纹毛织物和彩色毛毯，是中国古代汉族与维吾尔族文化交流的实物证明。人兽葡萄纹织物由两组黄色经线和两组黄绿色纬线交织成为纬二重组织纬纱显花织物；龟甲四瓣花纹织物为纬三重组织纬线显花；彩色毛毯上的绒纬采用马蹄形打结法，绒头完全覆盖了基础组织，图案清晰、美观大方。仡佬族也擅长毛纺织，妇女将毛线绷织成的白蜡布，犹如毛呢，美观且厚实耐用。

毛毡在少数民族当中应用广泛，制成的羊毛毡厚重坚实，质地紧密，具有良好的保暖、防潮、耐磨性能。将压制好的毛毡穿上带子，披在双肩系住，便成为羊毛披毡。披在身上可以防雨御寒，铺在地上可防潮，还可用来制作帐篷，冬暖夏凉。

至今，新疆哈萨克族、柯尔克孜族、乌孜别克族、裕固族等民族仍盛行织羊毛毡、花毡，此外，东北、西北、西南许多民族，如蒙古族、赫哲族、鄂伦春族、鄂温克族、满族、彝族等也都用毛毡制作毡房、毡靴、毡帽，披肩、披毡等，这些毡制品具有很好的保暖防水作用。其中，较具民族特色的要数彝族人的察尔瓦和藏族人的氆氇（图2-26、图2-27）。彝族察尔瓦是用羊毛线织成的毛毯，常为黑色，比披

[1] 见（唐）白居易《红线毯》，出自《新乐府》的第二十九首。“缫丝”，将蚕茧抽为丝缕。“拣”，挑选。“练”，煮缫使熟，又有选择意。“红蓝”，即红蓝花，叶箭镞形，有锯齿状，夏季开放红黄色花，可以制胭脂和红色颜料。“红于蓝”，染成的丝线，比红蓝花还红。

图 2-26　西藏藏族裘皮饰边氆氇女袍

图 2-27　青海藏族豹皮边氆氇男袍

毡柔软。察尔瓦形似披风、斗篷，下端长及小腿，留有三四寸长的毛线流苏。无论男女老幼外出时，都外罩察尔瓦。氆氇，藏语音译，意为毛毯，是一种深受藏族人喜爱的传统毛织品，在西藏、青海、甘肃、云南、四川等藏族地区广泛使用。氆氇宽约 30 厘米，用纺锤手捻成线，再用木梭织机织成，多用来制作藏袍、靴子、帽子、卡垫（藏语小型藏毯）等。据史料推测氆氇已有 2000 多年的历史，相传唐代文成公主进藏时，将中原地区的纺织工具和技术带至西藏，用当地羊毛织成氆氇，后发展成为藏族传统民族毛纺织品，遂宋以后氆氇作为贡品进献朝廷。

（五）制皮制革

裘革历来是少数民族，尤其是游牧民族的最爱。塞北苦寒之地，裘革是主要的衣料。盛夏重装，七月飞霜，一年四季都离不开裘革。其中，貂裘以紫黑色最为珍贵，其次为青色。白色银鼠皮是帝王服专用的材质，地位较低下的人群则穿羊、鼠、沙狐裘。世居东北隅的女真人，对裘皮更是珍爱有加。

如今，我国许多少数民族仍喜爱在其服饰中应用裘革，少数民族人们根据自身所处地理环境和生活条件选择使用裘革面料，并且熟练掌握熟制裘革的工艺（图 2-28、图 2-29）。例如，赫哲族、鄂温克族（图 2-30）、鄂伦春族（图 2-31）、达斡尔等民族通常的熟制兽皮工艺是：先将剥下的兽皮撑开并晾干，将木屑[1]抹在皮板里面，用水润湿皮板后卷起闷上一夜。然后去除木屑撑开皮板，挂掉肉和脂

[1] 为使皮子更加柔软，人们常在皮板里面撒一层草木灰，或涂抹一层稀泥土和发酵的玉米糠，然后再进行后续流程。

肪后，用木铡刀反复刮擦。为减轻兽皮的气味和油脂，人们会用碱水清洗兽皮，再用木铲刀不停勒铲，直至皮子柔软。

赫哲族妇女的鱼皮加工颇具特色。她们用胖头鱼、狗鱼制成鱼皮线和衣裤；赶条鱼皮既做衣裤，也做靰鞡；个头较大的怀头鱼皮可以做绑腿、套裤和鞋帮；大马哈鱼、鲤鱼的鱼皮用来做靰鞡和手套。赫哲族人加工鱼皮时，通常先将鱼皮剥下来晾干，然后将三四张鱼皮卷在一起用木铡刀[1]反复揉搓将鱼皮铡软熟制。鱼皮熟制好后，用植物花叶将鱼皮染成红、绿、蓝等各种颜色，然后拼合缝制成衣服（图2-32）。新疆的少数民族从俄罗斯族工匠那里学习了先进的制革技术，他们用化学药品和先进的工具鞣制除了羊皮以外的各种兽皮，使其轻巧、耐磨且美观。他们还创造了新的皮革制品，如用牛皮和马皮制成的防水皮靴。

纳西族的羊皮七星披肩，这种背饰用羊皮制成，披于背部。羊皮披肩多精选黑色、白色的绵羊或山羊皮，经过鞣制后将其剪裁制作而成。天气寒冷时羊毛朝内，夏天天热时则羊皮光面朝内。羊皮上部缀长方形的粗毛呢衬布，盖住了近1/3的羊皮面，称为羊皮颈。上部边沿缝有一对绣有蝴蝶纹等图案的白布长带，用于将羊皮系在身上，即背带。纳西人较早的披肩上，在羊皮颈的上部左右对称各缀着一个直径约五寸的圆盘，上用彩色丝线绣有各种图案在羊皮颈的下部缀有七盘直径，约三寸，仍绣有彩色图案的小圆盘饰物，每个小圆盘的中心各吊两根鹿皮细线，共14条，称为“优轫崩”，即羊皮须（图2-33）。

图2-28　榕江侗族黑熊掌皮包

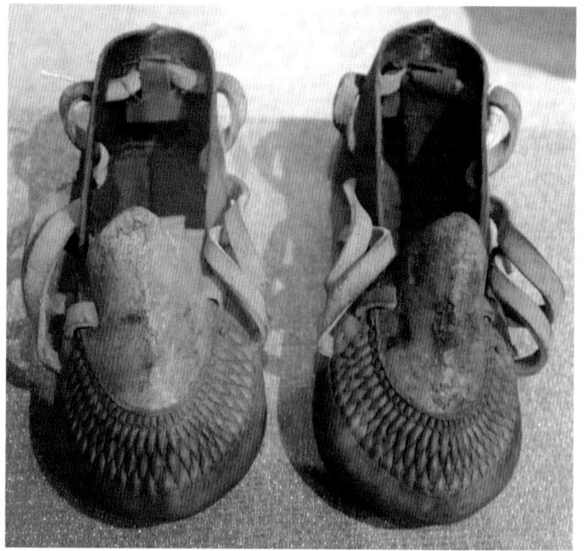

图2-29　辽宁满族皮靰鞡

[1] 早年加工鱼皮的工具是木槌和木砧，将晾干的鱼皮卷起放置在木砧上，用木槌反复捶打直至鱼皮柔软。因一次只能加工一张鱼皮，所以其劳动强度较大。

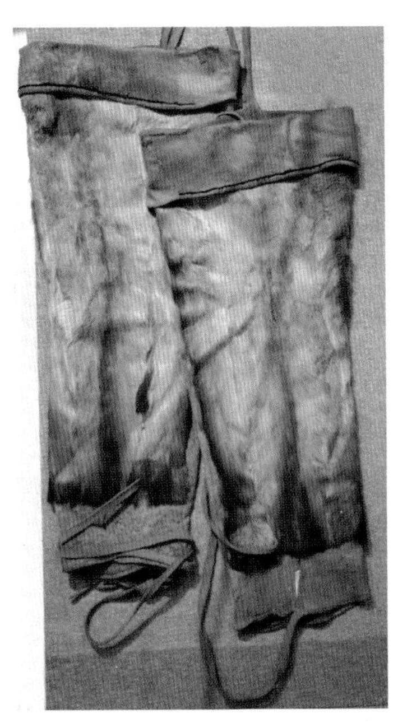

图 2–30　鄂温克族驯鹿皮套裤

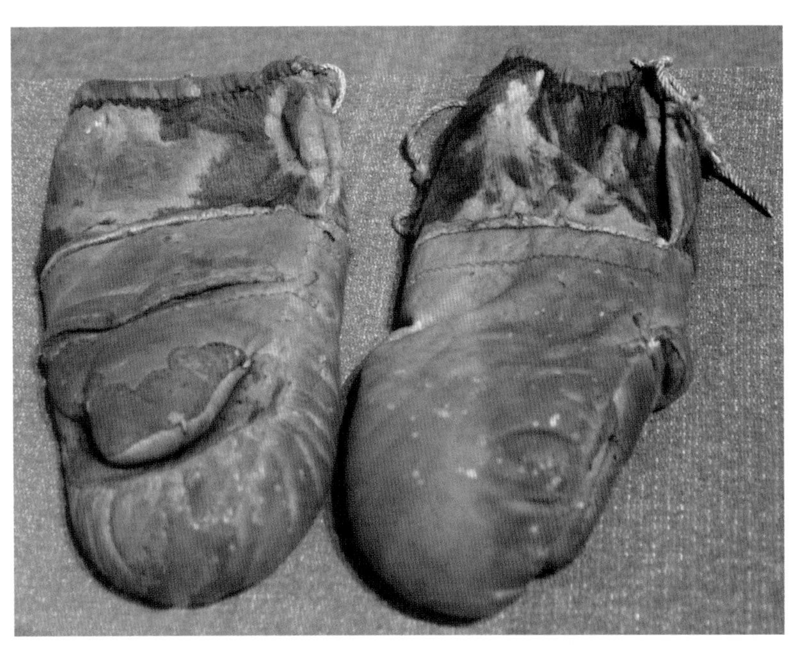

图 2–31　鄂伦春族连指男手套

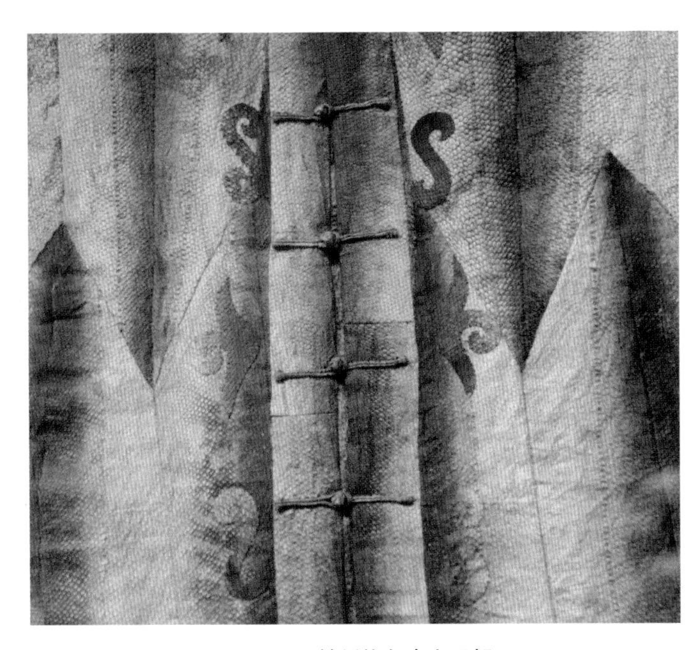

图 2–32　赫哲族鱼皮衣局部

图 2–33　纳西族羊皮披肩局部

拣丝练线红蓝染：少数民族平面式服饰手工艺

红线毯，择茧缫丝清水煮，
拣丝练线红蓝染。
染为红线红于蓝，
织作披香殿上毯。
披香殿广十丈余，
红线织成可殿铺。
彩丝茸茸香拂拂，
练软花虚不胜物。
美人踏上歌舞来，
罗袜绣鞋随步没。
太原毯涩毳涩毳缕硬，
蜀都褥薄锦花冷；
不如此毯温且柔，
年年十月来宣州。
宣州太守加样织，
自谓为臣能竭力。
百夫同担进宫中，
线厚丝卷不得。
宣州太守知不知？
一丈毯，千两丝，
地不知寒人要暖，
少夺人衣作地衣！

——唐·白居易《红线毯》

一、直接织花

（一）织锦

1. 织锦小考

锦由“金”字和“帛”字组成，《释名》中载有“锦，金也。作之用功重，其价如金，故制字帛与金也”[1]，足见锦的高贵宛若黄金一般，华丽精美的锦衣是古代贵族尊崇身份的重要标志。

锦是一种织有文采的丝织物，是丝织品中较为贵重的品种。织锦为重经组织的提花织物，由两个或两个以上系统的经线和一个系统的纬线重叠交织而成，用染好颜色的彩色经纬线，经提花、织造工艺织出图案。织锦在中国古代完全是以真丝为原料，因此织锦的生产、发展与丝织的发展密切相关。

西周已有了对纺织丝绸的宫廷织造管制，锦的制作将周代纺丝工艺提高到一个新的高度。周代织锦花纹五色灿烂，技艺臻于成熟。秦统一后蜀锦日渐成熟，至汉代则设有织室、锦署，专门织造织锦，品种花色甚多，如马王堆出土的孔雀波纹锦、花叶纹锦、豹纹锦等。锦印证了织锦图案形象已由经纬工艺限制中的经花锦几何纹向较为写实的曲线图案表现过渡。三国时期，四川蜀锦不仅是对外贸易产品，而且是蜀国主要生产方式之一和军需的主要来源。

初唐的织锦纹样以走兽纹为主，也有部分禽鸟纹，对称形式的“陵阳公样”是唐代织锦经常采用的纹样。贞观年间，窦师纶被派往益州（今四川成都）主管皇室的织造用物，后被封为陵阳公，他结合丝织工艺特点设计的“锦”、“宫鲮”花纹，多采用对雉、斗羊、翔凤等对称格式，后人称之为“陵阳公样”，又称“益州新样”。新疆阿斯塔那古墓出土的几十种唐锦、绮绢等丝织品，很多都采用了“陵阳公样”的对称格式。从初唐到晚唐，在云气纹、鸟兽纹、文字图案，几何形纹等传统纹样的基础上，唐代织锦纹样吸纳、融汇了外来文化，实现了由走兽纹为主向写实花鸟纹的演变。中唐以后，在织造工艺上由经锦改进为纬锦，并出现彩色经纬线由浅入深或由深入浅的退晕手法，在织锦技术可称得上是一个重大改进。这种工艺在原料选择和织锦纹样色彩变化方面更加灵活，使织锦纹样致密美观，配色更加丰富多彩。

宋元时期，织锦在花纹图案、组织结构、织造工艺技术等方面又有了新的发展，逐步演变形成了独特的宋锦、织金锦、妆花等技艺特色品种而流传于世。宋代民间的蚕丝生产和织锦生产开始有了分工。北宋宫廷在汴京等地建立了规模庞大的织造工场，生产各种绫锦。北宋时，成都转运司设立锦院，专门生产上贡的“八答晕锦”、皇帝赏赐臣僚的“官诰锦”、“臣僚袄子锦”，以及为广西各少数民族喜爱的“广西锦”。

元代时内廷设官办织绣作坊80余所，集

[1] 见（东汉）刘熙《释名·释采帛》。

中了大批优秀工匠，产品专供皇室使用。元代最具特色的织锦要属织金锦。新疆盐湖出土的织金锦反映了这种织造技术。出土的织物中，经丝分为单经与双经两种（双经是以两根经丝同时交织），而以单经起固结纬丝的作用。金线织入的特点是以单丝覆盖并固结金线，可使金色充分显现于织物表面。

明清两代织锦生产集中在江苏南京、苏州，除了官府的织锦局外，民间作坊也蓬勃兴起，形成江南织锦生产的繁荣时期。明清两代的织锦更趋华丽富贵，纹饰表现更趋繁复，工艺技术越见高深。南京云锦是明清皇家织品的重地，是用传统大花楼木织机、由拽花工和织手两人相互配合，通过手工操作织造来完成的。南京云锦有着“江宁织造”的盛誉，其妆花挖织技艺已见手工织造技艺之极致。

2. 少数民族织锦

少数民族织锦具有鲜明的地域特征和民族特点，同时又受到三大名锦的影响。少数民族地区通过与历代中央政权交换马匹来获得丝织品，这样三大名锦就流入民族地区，对当地的纺织业起到推动作用。例如，被西南少数民族称为“武侯锦”的蜀锦，随着诸葛亮开辟大后方的“移民实边”政策的实施，织造技艺被广泛传播并影响西南少数民族织锦技艺的发展。织锦技艺也传到了侗族和壮族地区。贵州黎平的侗族织锦品种丰富，非常精美，被称为“诸葛侗锦”。

少数民族织锦多以彩色棉线织造，有“八大名锦”之说，即傣锦、苗锦、壮锦、瑶锦、侗锦、布依锦、土家锦、毛南锦，都因色彩丰富、厚重秀丽而盛行不衰。除此之外，还有许多其他少数民族如黎族、藏族等也都十分擅长织锦。少数民族织锦风格古朴，色彩鲜艳明快，具有浓郁的民族特色。其纹样多为几何形骨架，图案多为变形的动物、人物、花鸟、鱼虫等，许多传统格式被流传下来，广泛应用于民族服饰当中。

（1）傣锦

傣族织锦起源于汉代。元明时期，傣锦作为贡品上贡宫廷，闻名于世的傣锦品种有技艺精湛的“丝幔帐”、“绒锦”。傣锦当地称“娑罗布”，又叫“佛幡”，傣语为“幌”。傣族人民在朝拜佛祖、祭奉佛祖时赕佛后将傣锦作为一种祭祀用品敬献给佛寺，可见傣族织锦不仅能美化傣族人民生活，而且也是从事宗教活动必不可少的物品。傣锦是傣族精神文化与独特的审美形式完美结合的艺术珍品，既有较高的审美价值，又表现出很强的生活气息，传递出浓郁的宗教色彩。在生活中，它是傣族妇女服饰中必不可少的用品，如筒裙、头巾、挎包、手帕等，图 3-1 为傣族女子的织锦筒裙。傣锦图案形象生动、变化丰富、色彩绚丽、织工精巧，在少数民族织锦中独具特色，享有很高的声誉。

傣锦按材料可分为棉织锦和丝织锦两种，幅宽一般为 20 ～ 60 厘米不等，长短不一。棉织锦通常采用通纬起花，丝织锦则既有通纬起花也有断纬起花。棉织锦以本色棉纱为底，织以红色或黑色纬线起花，图案多为以狮子、大象、孔雀、树、人物等为单位的二方连续形式。棉织锦主要分布在西双版纳一带，给人以开阔而安定的感觉，线条宽窄不一，错落有致，形体夸张简练，图案规范、质朴，富有装饰性。

图 3–1　傣族织锦女筒裙局部

由于德宏地处古代南方丝绸之路的要塞，是通往缅甸、印度等地的交通枢纽，加之内地丝织蜀锦工艺的传入与交流，使得这一地区的傣锦织物通常为棉经丝纬。德宏地区的傣锦常用红色、黑色和翠绿色组合，用色较为浓重，图案多为菱形、方形、六角形等几何形，且多为棋格形骨架的四方连续图案，构图严谨，纹饰古雅而浓郁。

傣锦是一种古老的纺织手工艺，采用傣族传统的木架织机手工操作，经提花、织造等工艺形式制作成的长条形织锦物。傣锦一般采用高台木架织机，脚踏下板牵动综片升降，形成经线交口。傣族妇女织造傣锦时，先将图案组织用一根根细绳系在“纹板”上，再经手提脚蹬的动作，使经线形成上下两层后投纬，如此反复循环。傣锦起花的部分是利用挑花的方法来形成图案的，织物的表面呈现纬浮纹。整经后的经纱绕在木辊上，穿入分经辊、线综。纬纱则卷在小纡管上，织造时将卷有经线的木辊挂于架上，展开经纱。在经纱上先画好花形，在提综后一梭按照平纹来织，一梭在织入前用挑花木片挑起经纱，然后用双纬色纱线一次织入双根有色纬纱。在织造中，傣族妇女因图案颜色的需要不断频繁换梭，这样的织造方法不适用于织造巨幅细密的织物，花形的设计也不宜复杂。

（2）土家锦

土家锦是土家族的代表性纺织品，至今已有 1500 多年历史，它源于商周，雏于秦汉，成于两晋，熟于唐宋，精于明清。

土家锦是土家族传统文化的杰出代表，在整个民族手工艺文化中占主要地位。土家族妇女一般从十岁左右就开始学习织锦，成年后，其织锦技艺已十分娴熟。

土家锦以棉线为原料，采用通经断纬的方法，是纺织中的“挖梭”[1]工艺，俗称“段色纬挖花”的原始织锦手工艺，即在纬向上挑出不同色彩的纱线。挑织时正面浮搁残纬，背面生成图案。织锦经线较细，纬线较粗，以纬克经，图纹部分只显彩纬，不露地经暗纬。这样，生成图纹的每颗彩纬边界与地经暗纬之间留有一道空隙，产生雕刻镂空的立体感。由于经纬线的交错，使其更易于表现相对简洁的图纹，不适合表现繁复、具体的图像，与土家刺绣圆润流畅的线条相比，织锦的图案造型较

[1] 经线在锦面上贯通不间断，各色纬线仅于图案需要处与经线交织。

为抽象。土家人在塑造织锦动物形态中，往往采用的是最适合表现其特征的侧面。图 3-2 为土家族“马毕纹”织锦，表现出来马的典型特征不是如实地描写，也不强求符合比例。

土家锦中折射出土家人的生活方式和土家人对自然生活的体验。例如，“岩墙花”就是来源于自然，有人认为是岩墙上的花朵，有人认为是岩墙本身的形状。这些接近几何形状的织锦纹样，虽然是以具象为依据，但并不受到具象束缚。从土家锦图案的形式特征上看，其勾状纹样极多，有的作为陪衬用来装饰主体图案，使形象统一于一种装饰手法；有的主体图案与勾纹无关，但也装饰以勾纹，以勾纹增强装饰性，增强形式美感；有的则以勾纹作为主体图案。例如，勾勾花又称四十八勾，是土家织锦纹样中的代表性图案之一，纹样呈多层次中心扩散，层层关联紧扣。据民俗学家考证，多层扩散表现太阳的光芒四射，为太阳崇拜和母性崇拜的反映（图 3-3）。

（3）苗锦

苗族织锦纹样“或在素底上织彩，或在彩底上织素”[1]，因此图案色彩浓艳而富丽，对比强烈而调和。苗族妇女用棉花织锦的工序为：选花、轧花、弹花、卷花、纺纱、倒纱、浆纱、牵纱、织、染等。

苗锦的纹样布局多以寓意吉祥的花草、动物，排列在几何形、菱形的框架内，装饰风格较为粗犷。而动物纹是苗锦图案的主要内容，如龙纹、牛纹、蝴蝶纹等，反映出苗族的多神信仰和祖灵崇拜（图 3-4 ～图 3-7）。苗锦中龙纹的应用较多，一般是正方形或菱形适合图案。图 3-8 为施洞苗族织锦龙纹围裙。龙纹适合于菱形内，龙头为正面，白色的两支龙角形成水平状，突出龙头的全貌，又以黄色、白色点缀于背脊和尾部，使之头尾相连。背脊方形的雷纹装饰与锯齿状的龙鳍为整齐的直线排列，与整体构成骨架的直线风格统一，很有力度感。第二层图案是鹊宇鸟，美丽的尾羽以及嘴、爪用绿色、黄色和白色，突出其主要特征，呈直角的长方形身躯和头，与龙纹方形结构相呼应。

图 3–2　土家族“马毕纹”织锦

图 3–3　土家族八勾纹织锦

[1] 杨光明、廖伯琴：《贵州苗族传统织锦工艺传承的式微及其原因探析》，载《贵州师范大学学报》（社会科学版），2010 年，第 1 期。

图 3–4　苗族织锦（一）

图 3–6　苗族织锦披肩

图 3–5　苗族织锦（二）

图 3–7　雷山苗族中裙式织锦背带局部

图 3–8　施洞苗族织锦龙纹围裙

苗族织锦的织造方法通常有编织、机织和挑织三种。编织，即腰织，是用手代替综线或挑板来交错开口分开经线的织造方法，编织操作简单、携带方便，锦带经线较粗，宽度在一寸以下。苗族妇女在上山干活时，随身携带牵好的经线卷好、上筘，得空时以一端系于小树上，一端系于腰带，用脚力绷撑经线手提综线即可以编织。机织，即用织布机织锦，通过脚踏踩板来牵动综线而将经纱交错上下开口。每次只能踩踏两块，反复交替进行。较之编织方法，机织所需工序较多，但是织出的锦带幅宽较宽。榕江、三都、从江、丹寨等县交界的贵州月亮山区苗族以通经断纬法织造的宽幅锦，图案以几何纹为主，间有飞鸟龙鱼纹，富丽秀美。而黔西北威宁、云南昭通、楚雄大花苗以通经断纬法织造的织锦披肩则以细麻纱为经，以彩色毛线为纬，图案以菱形为主，雄浑粗犷。挑织，是将牵好的经线上筘，引进“综线”[1]后放在织布机上，按照图案需要，用一块光滑竹片，向经线逐一挑通，然后掷梭引进一根纬线、拉筘拍紧，再利用综线交错上下分开经线织一根纬线，第三根纬线仍为挑织，如此循环往复。贵州舟溪、下司一带的宽幅苗族织锦就是运用挑织方法，以蚕丝织造而成，丝织苗锦比棉织苗锦更加精致。那里的苗族妇女们养蚕缫丝，经采集的植物染料染丝后，在织机上借助竹片挑纱、脚踏拉动经纱，然后投梭拉筘。这种丝织苗锦工序烦琐，每平方厘米布有经纱60根、纬纱90根，织就的锦面光滑细腻，手感轻柔。

苗族应用织锦的地方很多，除了应用在披肩、围腰（图3-9、图3-10）、发带（图3-11）、背袋等服饰用品以外，织锦还是苗家馈赠亲友的礼物，也是少女们通常用来表达爱情的信物。

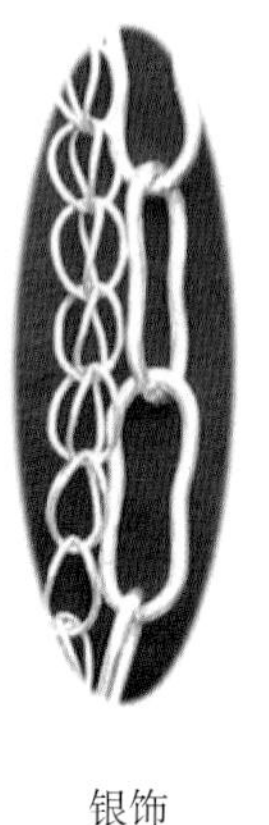

银饰

刺绣领边

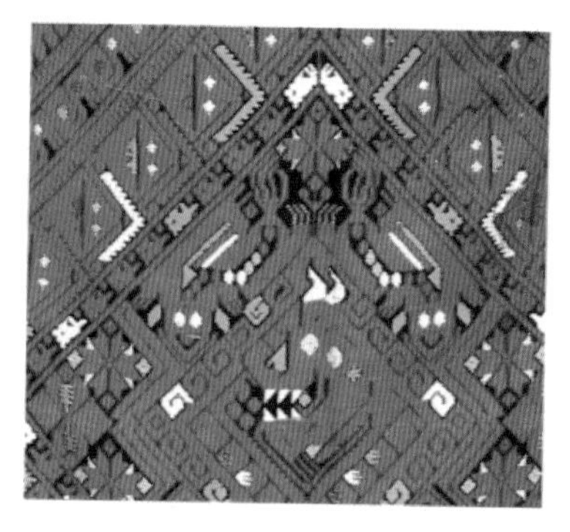

织锦围裙

图3-9 腰系织锦围腰的苗族妇女

[1] 织布时使经线交错上下开口，以便掷梭引进纬线的设备。

图 3–10　施洞镇苗族妇女的织锦围腰

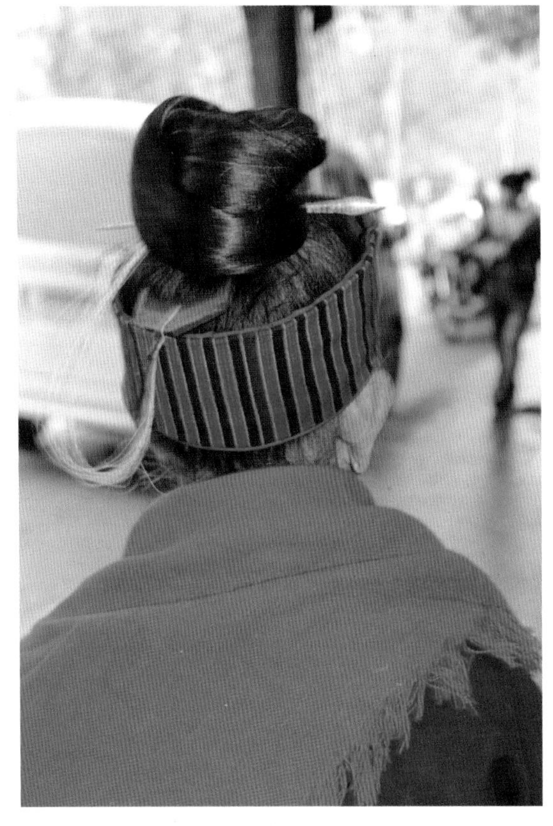

图 3–11　施洞镇苗族妇女的织锦发带

（4）侗锦

侗锦古称“纻织”，为侗族妇女的主要传统手工艺。侗锦以其富有象征意义的花纹图案，独特的两面出花工艺，清雅淡然的色彩搭配，主次分明的构图，积淀浑厚的文化内涵，成为我国著名的织锦之一，展示了侗族妇女的智慧与才艺，演绎和承载着侗民族源远流长，独具特色的文化。

侗锦的原料有棉纱和丝线两种，既可以用一种材料织造，也可用两种材料混合织造。侗锦分为素锦和彩锦两种。素锦多为黑白两色，正背纹饰相反，朴实大气。彩锦纬纱采用各色丝线，经纱为白色或黑色棉线，工艺精湛，色彩柔和，图案细腻，多为几何形，如菱形纹、万字纹、弓字纹、锯齿纹等。侗锦织物为两梭组织，一梭是花纹，一梭是平纹（与经同色），通纬梭织。这种独特的编织方法，使织成的锦正反两面起花，色彩两面相反，可双面使用。

编织一幅侗锦，要经过轧棉、纺纱、染纱、绞纱、绞经、排经、织锦等十多道工序，皆为手工操作。侗锦在服饰中多用于头巾、裹腿及服饰花边和背小孩用的褓褓等，以贵州黎平、广西三江、龙胜和湖南通道的侗锦品质最为驰名，这三地的侗锦做工精细，色彩对比强烈，图案绚丽多姿，具有浓厚粗犷的艺术风格。侗锦图案的题材多为各种变形的鱼、虫、鸟、兽、花草、云、雷等。

侗锦在图案构成上有棋格状构成的四方连续和带状纹样构成的二方连续。根据不同的用途，有不同的花纹和组织结构，二方连续织花用作衣襟边、花带或是鸡毛裙散片，满地织花的四方连续则用于围腰、背包的大面积装饰（图 3-12 ～图 3-16）。随着社会的不断发展和新的线料的采用，侗锦也不断得到改进和创新，图案种类日趋多样化，色彩更为绚丽多彩，品质也更为优良，以适应现代人的审美需要与实际需要。如今，通道侗乡新一代妇女已将现代观念编入侗锦图案之中，侗锦上的英语单词图案，反映了时代的发展以及侗族妇女与时俱进的思想观念。

图 3–12　侗族菱形织锦

图 3–13　侗族几何形织锦

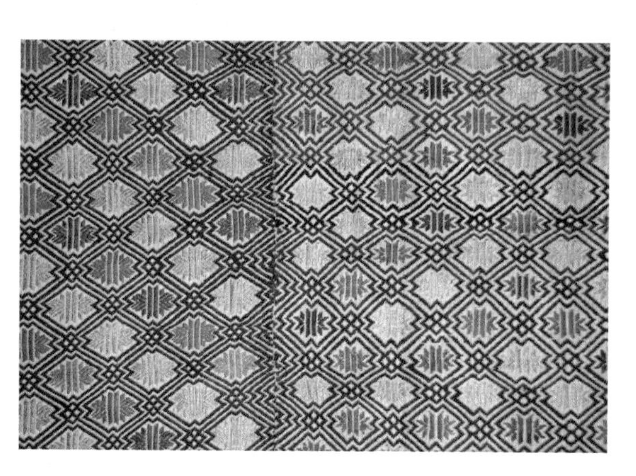

图 3–14　侗族八角花织锦背面局部

图 3–15 侗族鸟纹、马纹织锦

图 3–16 侗族织锦围腰

（5）黎锦

黎锦是海南省黎族的织锦，古称“吉贝”、“崖州锦”。黎锦精美轻软、结实耐用，素有“黎锦光辉若云”之赞誉。黎族先民居住在台风雷雨多、气候潮湿的海南岛，以采集“吉贝”为“茸巢”。“吉贝”为黎族祖先提供“织贝”作“卉服”的原材料。据此可以推断，黎族棉纺织业的兴起不晚于殷周时期。至唐宋时期，黎族人已经能用五色线织成色彩斑斓的图案，织锦品种繁多，黎族的棉纺织工艺和染织技术，已经达到很高的水平。宋、元时期，黎锦曾是岁贡的珍品。

元代的棉纺织革新家黄道婆，将黎族的棉纺织技术加以改进和推广，引发了中国纺织技术以丝麻品为主转变为以棉织品为主的革新。黎族至今还有歌谣吟唱：“绣得王家千金花，黎裙汉袍映异彩，道婆学艺在我家”。

黎锦是以棉线为主，麻线、丝线和金银线为辅交织而成。海南东方和昌江地区的黎族人创造了将扎染与织造技巧相结合的织锦手工艺。这种工艺的经线多采用缬染法（即扎染），先在扎线架上编好经线，然后用纱线在经线上扎结，染色后拆去纱线，即出现蓝底白花的图案，再织进彩色纬线，即呈现出独特的图纹色彩。

黎族妇女用棉花织黎锦的工序为：轧花、弹花、搓条、纺纱、合线、绕线、绕纱、牵布、织布、染色技艺。织造的工具仍然沿用古老的传统工具，如手搓去籽十字棍、木制手摇轧花机、脚踏纺纱机、织布机等。黎族妇女有丰富的染色经验，对本地生长的各种染色草的特性有深刻的了解，掌握了提取和应用种类繁多的植物染料和个别矿物染料的染色技术，能够染制黑、蓝、青、红、黄等颜色。黎族人崇尚黑色，因此黎锦的色彩多以黑色、蓝色为底色，上面间有红、黄、蓝、白等色的图案，配色和谐，绚丽华美（图 3-17）。

黎族人历史久远的文身习俗与其织锦图案的形成关系密切，且影响很深。图案是文身的延续，继承了文身的图腾崇拜、审美要求、氏族部落识别需要等功能。黎锦图案有 120 余种，多为象征祖先的人物纹、动物纹、植物纹等，并组合在几何形的骨架中，富有装饰风格。其中人形纹是黎锦中最常见的纹样，表现了对祖先的崇拜，通常人形纹四周会衬以几何形的花纹做装饰，象征部落的繁荣与昌盛（图 3-18、图 3-19）。黎锦在服饰中主要用于制作黎族妇女的筒裙（图 3-20），还有用于上衣的边饰以及妇女的头巾等。

除了上述少数民族擅长制作织锦以外，

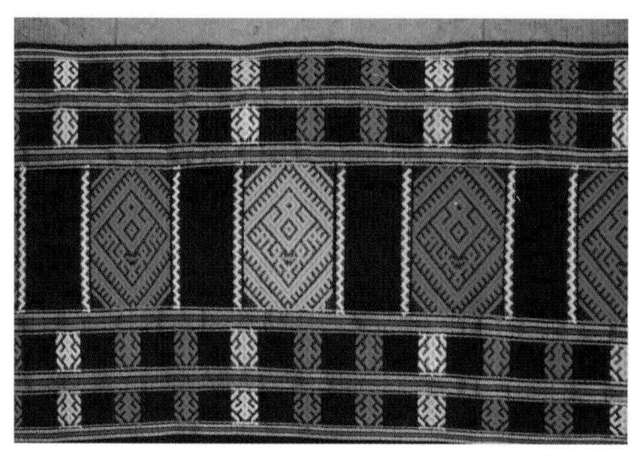

图 3-17　海南黎族杞方言支系织锦

人纹

图 3-18　海南黎族保亭支系人纹织锦

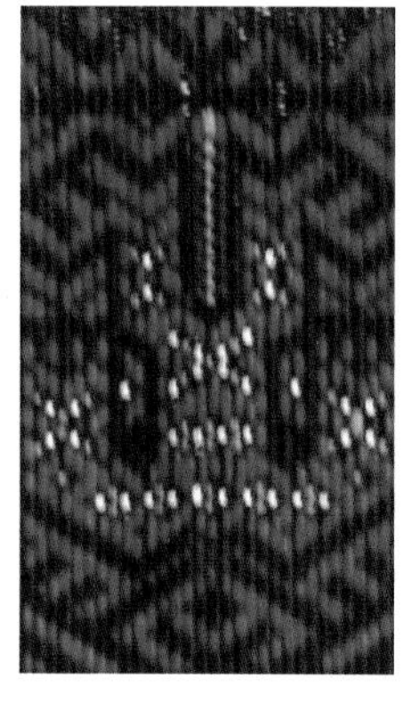

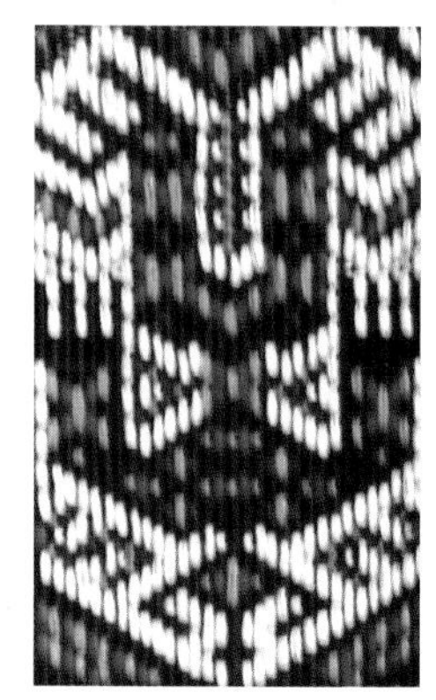

图 3-19　海南黎族人纹织锦

图 3–20　海南黎族织锦短筒裙局部

图 3–21　布依族织锦背心

图 3–22　布依族妇女袖子上的阑干

图 3–23　石头寨布依族妇女衣袖上的织锦

瑶族、壮族、布依族（图 3-21 ～图 3-23）等少数民族也颇为喜爱用织锦作为自己服饰的一部分。

（二）花带

花带是一种带状的民间平面织花手工艺品，严格来说也应归于织锦一类。我国许多少数民族妇女都有织花带的习惯，花带色彩斑斓、图案多样、内涵丰富，一般多作为饰物镶嵌在衣裙上，与刺绣、蜡染等共同构成少数民族服饰的装饰手段，除此之外还多用为腰带、头带、飘带等。编织花带在少数民族纺织中十分普遍，例如，几乎每一个苗族支系中都有用编织花带专用机或织锦机编织成宽窄不一、品种繁多的花带。花带不仅是少数民族人民的服饰装饰品，同时还是青年男女爱情的信物，具有纽带功能。

苗族织花带的材料有棉线、丝线两种。编织时先将经线预先固定在特制木架上，根据所织图案，安排中间花纹丝线的蓬数（对数），按奇数排列组合，一般二十一蓬至二十九蓬，多可达到百余蓬，花带宽窄取决于蓬数，蓬数越多花带越宽，蓬数越少则花带越窄。经线固定好后，用一根扁长牛肋骨或铜挑刀选出某几支纬线，再以骨刀将经线上下分开，将纬线从中间穿过而后以骨刀正面筘紧，如此反复来回编织。织出的花带图案与绣花、挑花风格迥异，图案有菱形纹、鱼纹、田纹等几何纹，也有双龙抢宝、双凤朝阳、喜鹊闹春等富有吉祥意味的图案，还有文字等。苗族花带的色彩纷杂，配色讲究，既有黑白两色的素带，又有各色底、纹、缘边的彩带。花带色彩对比强烈，鲜艳夺目，具有浓厚的民族特色（图3-24～图3-26）。例如，松桃地区的苗族编制花带“金搓”，用若干股彩色丝线编制而成，精致小巧，是衣服领袖、围腰、裤脚等处的必要装饰。编制时，将各色丝线绕在四五寸长的竹制绕线卡子上，竹卡下方钻上用来穿绳的小孔，绳的底端坠以小铜钱或小石子，使之垂直。再将丝线头自上方引出，将线集中绕于小木桶的横梁上，在小木桶外壁上排列好各卡子，就可依图案的要求，挑选出所需各色丝线，进行组合编织。

图 3–24　苗族织花带

图 3–25　苗族织锦花带局部

侗族的花带织法是木梳式手工编织，即将一束白纱的一端钉在柱上或其他物体上，另一端绕在一块宽一寸、长五寸的木梳式竹片上作经线，并置于腹前，竹片两端用绳子系在腰上，用彩色丝线作纬线，进行编织。这种编织方法用具简单，可随身携带，方便易行。但这种方法只能编织一些窄面长条的织物，如腰带、袖口、衣襟花边以及各种背带、系带等。每逢阴历八月十六，在“月堆华”[1]活动中，侗族姑娘们各自将花带、家织布等用竹竿高高挂起，送给心爱之人，情凝其中，别有意义（图3-27、图3-28）。

图 3–26　卖织花带的施洞镇苗族妇女

土家族花带土家语称“厄拉卡普”，精巧

[1] “月堆华”为三江等侗族地区的一种青年男女交往的方式，意为“集体种公地”。

别致，简单易学，主要用于腰带、裤带、小孩背带、围裙带等，具有古老的“经花”织物特点。有素色和彩色两种，但以黑或蓝底白素花为主，一般宽约一指至二寸，长短各异。其织造工艺方法及图案的组织原理与土家织锦“西兰卡普”大同小异，是在土家族妇女中普及面较广的民间传统服饰手工艺之一。土家花带以实用性功能为上，一般多用棉线或丝线，有时也棉丝夹用，以“通经通纬”挖花而成，织出来的花带正反两面同时起花，虽图案相同，但图案两面的阴阳相反，具有双面性。

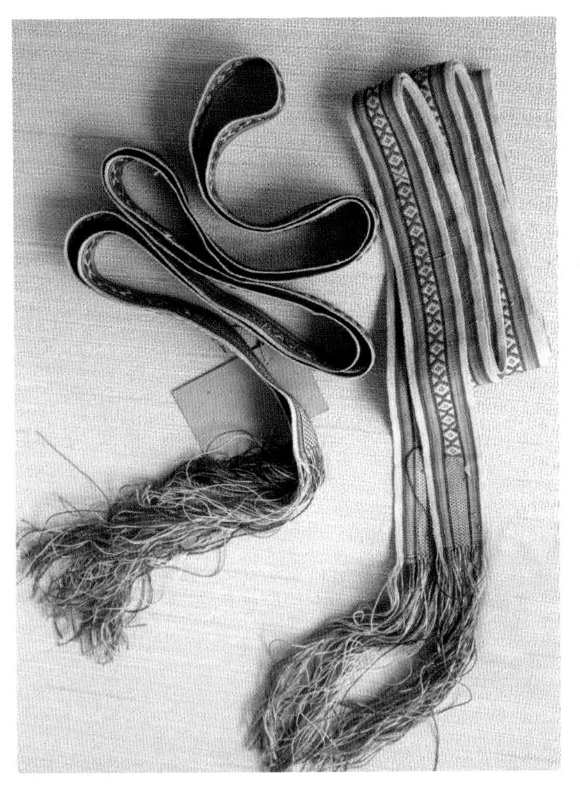

图 3–27　侗族花带

图 3–28　侗族织花带

二、印染

（一）印染小考

1. 历史发展溯源

印染又称为染整，是一种织物加工方式，也是染色、印花、后整理、洗水等工序的总称。我国古代劳动人民很早就掌握了染料的提取方法，能利用矿物、植物进行织物染色，染出五彩缤纷的纺织品。人们在北京山顶洞人文化遗址中发现了由矿物质颜料染成红色的石制项链，这证明了古人在距今五万年到十万年的旧石器时代就已掌握了用矿物染料进行染色的手工艺。

在六七千年前的新石器时代，先民们就能利用赤铁矿粉末将麻布染成红色。青海柴达木盆地诺木红地区的原始部落，将毛线染成黄、红、褐、蓝等色，织成带有条纹色彩的织品。新石器时期出现并流行的还有用树皮布印制的斑文布。我国华南地区出土的新石器时代树皮布的石打棒和印刷树皮布花纹的石制或陶制的印模，为其实物证据。

商周时期，染色技术有所提高，植物染料被较为广泛地应用。商周宫廷手工作坊中设有专职“掌染草”的官吏，且有“染人染丝帛”[1]，管理染色生产。

人们在实践中发现：织物每浸染一次，颜色会有所加深。由此，染色工艺便从简单的浸染发展到套染及媒染。人们在掌握了染原色的方法后，再经过套染得到了不同的间色，使织物的颜色更为丰富多样。1959年新疆民丰东汉墓出土的“万事如意”、“延年益寿大汞子孙”、“阳”字锦等，所用的丝线颜色有白、黄、褐、绛、绛紫、淡蓝、宝蓝、油绿、浅橙、浅驼等，充分反映了当时染色、配色技术的高超。

染色的方法主要有两种：一是织后染，如绢、罗纱、文绮等；二是染纱线后织，如锦。除了染单色外，人们还尝试了印花工艺。我国古代将印花织物通称为“缬”，分为蔼缬，夹缬和绞缬等。印花工艺经历了在织物上画花、缀花或绣花、提花到手工印花的演变过程。秦汉时期，人们在染色实践中发现了染色与空白的对比关系，通过控制染色面积和染色形状形成空白的花纹，防染技术出现了。湖南长沙、战国楚墓出土的印花绸被面是最早的印内花织物。长沙马王堆和甘肃武威磨咀子的西汉墓中，也有印内花的丝织品。马王堆出土的印花织物是用两块凸版套印的灰地有银白加金云纹纱，工艺水平相当高，甘肃敦煌出土的唐代团窠对禽纹绢，即是用凸版拓印的工艺。西南一些少数民族地区首先出现了用蜡做防染剂的染花方法，即蜡染。南北朝时期出现了一种机械防染法，即绞染工艺。出土的唐代纺织品中有多种印染工艺，如用碱作为拔染剂在生丝罗上印花，使着碱处溶去丝绞变成白色以显花；用胶粉浆作为防染剂印花，刷色再脱出胶浆以显花；还有的用镂空纸板印成的大簇折枝两色印花罗。

至宋代，我国印染技术发展得比较全面，色谱也较齐全。到了明清时期，印染手工艺已经遍及全国，浙江嘉兴、湖北天门、湖南常德、江苏苏州等地拥有较大规模的染坊，并形成了地域性特征。例如，染红色以京口（今江苏镇江）为佳；染蓝色以福建省的泉州、福州及江西的赣州等地最为有名。

明清染料作物的种植和染整工艺技术都有所发展，染制颜色的种类也越来越丰富。不过到了20世纪初，纯手工印染方式无法与西方大机器工业化生产相抗衡，手工印染业由于新技术的输入而受到重大冲击，并逐渐走向低谷。

2．溯源别传

尊师重道是我国的传统美德，“师道”被列为五尊之一，我国许多地区和行业均有供奉祖师爷的习俗。古代印染工匠，自然也会供奉祖师神像或牌位，烧香、磕头以求保佑。

---

[1] 见（西周）周公旦《周礼》天官冢宰第一：染人。

古代印染业认为东晋著名炼丹家葛洪发明了印染工艺，认其为印染业的祖师爷，也有的认西汉学者梅福为祖师爷，所以印染行便有了葛洪和梅福二圣，并将其奉为祖师，以庇佑行业。古时一般印染作坊、印年画作坊、颜料商以及与颜料有关的行业都供奉梅福、葛洪为祖师，有的还会有梅葛庙，即便没有庙的地方也有“梅葛仙翁”纸马神像刷印。到每年四月十四和九月初九祖师爷诞辰这两天，染匠们除了磕头烧香祭祀，以示行业兴旺、后继有人，同行间还要凑钱，举办集会以议事、交流业内信息。有的大染坊还要摆宴席，同饮“梅葛酒”，请戏班唱戏，以感谢祖师爷的护佑，同时联络同行感情。

梅葛二圣虽不是同代人，但他们都曾是炼丹的方士，而炼丹与印染原料有些关系，因此民间传说将二人与印染联系起来。很多地方都有梅葛二圣纸马及其传说。

有关梅葛二圣的民间传说主要有三个版本：一说，从前有个姓梅的小伙子无意中跌倒，河泥染脏了白布衣服，使其变黄却怎么也洗不干净，于是发现河泥可以染黄布，人们便穿上了黄色衣服。他与一位姓葛的好友钻研染其他颜色，在试验中风将布吹落在草地上，于是他们又在无意中发现了青草可以染蓝布。后来，他们又发明了酒糟发酵，使蓼蓝沉淀物还原的染布方法。印染匠们为纪念他们的功绩，尊其为祖师爷，称为“梅葛二仙（圣）”。另一说颇为有趣，梅葛二圣本是一鸟一果。传说有个皇帝为显尊贵，命令工匠们为他制一件与太阳一般鲜红的衣袍。由于当时还没有能染红色的染料，工匠们做不出来，一连多名工匠被杀。这时，一位老人看见葛鸟吃梅果，梅子的红汁从鸟嘴里流了出来，老人受到启发，便告诉工匠尝试用红梅汁染制成了红袍。工匠们免遭杀头之罪，又掌握了新的染整方法，于是众人视老人为“活神仙”，要为其立庙供祀。老人却说这是天帝派来的梅葛二圣的功劳。后来，人们便按照老人的模样塑造了梅葛二圣像，建庙供奉。此后，人世间便出现了染布业。还有一民间传说：梅葛二圣曾化作跛脚行乞，受到一夫妇的施舍，二圣在酒足饭饱后手舞足蹈、边跳边唱：“我有一棵草，染衣蓝如宝；穿得花花烂，颜色依然好。”青年夫妻听闻草能染衣，便割了放入缸里，数日后仍不见动静。过了不久，两位跛脚汉又来借宿喝酒。临走时将剩酒全倒入缸内，顿时缸水全变成蓝色。小两口欣喜若狂，用它来为乡亲染布。从此，民间关于梅葛二圣的故事就流传开来，并有了更多的版本。

（二）灰染

1. 灰染小考

“灰染”古时又称“药斑布”、“浇花布”、“浆水缬”，即现代俗称的“蓝印花布”，又称“靛蓝花布”，是一种古老的防染印花手工艺。其方法通常是先用豆面和石灰浆制成防染剂，透过雕花版的“明渠暗沟”（即漏孔），刮印在土布上，用以防染。然后以靛蓝为染剂进行染色，最后除去防染剂形成花纹。由于织物纤维丝胶表面质地的变化，对染色液的吸收程度不同，所以形成深浅不一、青白相间的花纹。

灰染源于秦汉，兴盛于唐宋。北魏孝明帝时，河南荥阳有个叫郑云的人，用印有紫色花纹的丝绸四百匹向当时的官府行贿。这些花纹丝绸是用镂空版彩印法加工制成的❶。到宋代嘉定年间，灰染很快流行起来，部分以生产蜡染著称的西南少数民族地区也开始生产工艺简便的蓝印花布，从而使蓝印花布成为传统印花的主流。根据现代民间传统蓝印花布的花版制版方法，并通过史料可知：蓝印花布的花版大抵由柿纸或油纸刻成，用柿漆将其浸透，再经桐油涂刷可起防水加固之功效。花版版面油光如蜡，新花版色浅如黄色蜂蜡；旧花版色深如融烧过的旧蜡。所以，古人将此类花版误称作"蜡刻板"，实为桐油竹纸版蓝印花布。

蓝印花布在明代时俗称"浇花布"，其工艺直接由宋代的药斑布发展而来。明代后期或清代，蓝棉布印花又有刮印花之法。"刮印花"与"浇花布"在灰剂配方上面略有差别，但从印花原理、基本材料及工艺流程看，刮印花都与蓝白印花布相同。

图 3–29　湖南湘西凤凰灰染大师刘大炮先生的印染纸版

蓝印花布有蓝底白花和白底蓝花两种。由于雕版和工艺制作的限制，蓝印花布的图案形象多以点来表现，这也形成了它独有的特色。蓝印花布主要用于衣料、包袱、帐子、门帘、桌围、被面等。在明清时灰染遍及全国各地，其中以苏州最为有名，有"苏印"之称，产品和印花花版远销安徽、山东、河南等地。

近现代以来，蓝印花布在河南、山西、陕西、四川、广东、广西、江西、安徽、福建、浙江、江苏、湖南、湖北等地较为常见，尤以浙江平阳宜山、湖南湘西、江苏南通等地更具特色。图 3-29 ～

❶ 吴淑生，田自秉．中国染织史［M］．上海：上海人民出版社，1986：121．

图 3-33 分别为湖南凤凰灰染大师刘大炮先生制作的灰染镂版、灰染用布以及他制作的灰染作品。从图 3-34 中可以看出，灰染染出的成品背面并没有图案，这是因为防染剂没有浸透面料的原因，而这在刘大炮先生看来也是可以凸显自己工艺技术的地方。图 3-35 为刘大炮先生制作的双面灰染作品，要想将双面的图纹进行精准的对应是需要扎实的技术功底的。

图 3-30　灰染镂版局部

图 3-31　灰染用布

图 3-32　刘大炮先生的灰染作品

图 3-33　刘大炮先生仿蜡染效果的灰染作品

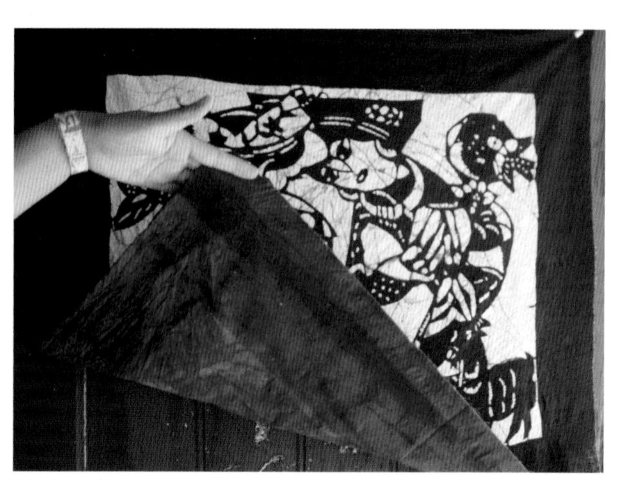

图 3-34　灰染成品背面

图 3-35　刘大炮先生制作的双面灰染作品

2. 少数民族灰染

自宋代开始，蓝印花布的生产中心由原来的中原向南、西南地区转移。蓝白色棉布印花在西南少数民族地区逐渐发展并形成特色产品。例如，盛产在广西地区的“猺斑布”工艺，这种染布方法是将夹染与蜡染两种工艺进行了结合，猺人先用镂空版夹住布，然后在花版镂空处灌注熔化的蜡液以起到防染作用，染好色后再用水煮掉蜡即可出花。

我国少数民族仍旧喜爱雕版制作“药斑布”。例如，水族人民独特的“豆浆印染”技术，有着悠久的历史。另外，在贵州省平塘、罗甸、独山、三都等布依族地区，也流行豆浆染印花工艺。他们用厚牛皮纸刻出空心花版，涂上桐油使之耐用，然后将花版放在白布上，在花版上刷印豆浆、石灰混合制成防染剂，漏印后晒干并投入蓝靛中浸染，最后洗净刮去灰浆，即成蓝底白花的印染花布。布依族常用此种方法印染头帕、枕巾、被面、门帘等，常见图案有铜鼓、凤凰、仙鹤、鱼虫、花草等。除此之外，还有许多少数民族擅长制作灰染制品，图 3-36、图 3-37 分别为云南傣族灰染头帕和贵州畲族衣袖上的灰染。在湖南凤凰，聚居着许多苗族民众，他们喜欢灰染制品，以致灰染工艺的制品在大街上随处可见（图 3-38）。

（三）夹染

夹染，与“灰染”、“蜡染”、“绞染”并称我国四大传统染色显花工艺，这种印花织物经秦汉首创之后，至南北朝时期已经普及，连普通老百姓也穿这种印花布。夹染的制作包括花版雕刻、靛青（染料）打制以及夹染印染。主要工具有铁制框架、雕花缬板、大锅、染缸、竹尺等。经过整布、卷布工序后，进行入靛、搅缸，然后经装花版吊起布版组、染色、浸染、卸版取布、漂洗、晾干等工序印制完成。夹染的纹样是靠花版夹紧土坯布的防染部分形成的，即夹紧的部分，由于染液进不去，形成留白，而其余刻凿的沟渠、条块，则是染液畅通无阻的染色区。

夹染盛行于隋唐，当时已发展了彩色夹染工艺技术。唐代，纺织印花更是一个色彩斑斓的世界，印花用色多彩、富丽，且以华贵的丝绸为尚。唐代夹染以木刻镂空版印花，人们可以从唐代彩色夹染屏风遗物中一窥盛唐夹染

图 3-36　云南红河傣族灰染头帕

图 3-37　畲族袖子上的镂花灰染与刺绣

图 3-38　湘西凤凰的街头随处可见灰染制品

的风采，如英国大英博物馆收藏的西域出土夹染残片，日本正仓院收藏的“树下立羊图”、“花树山鹊图”、“凤舞树下图”以及甘肃敦煌出土的唐代夹染残片“红花绿叶连续纹”和新疆高昌故城出土的唐代“深黄地散花”夹染残片。

自宋代开始，印染生产中心由原来的中原向南、西南地区转移。而就在宋代对夹染生产进行制约的同时，辽、夏等少数民族却在广泛地应用这一手工艺。1974 年山西应县佛富寺释迦塔内发现了辽代“南无释迦牟尼佛”套印夹染绢；1989 年内蒙古赤峰市辽庆州白塔塔顶覆钵内发现了大量形如巾帕的夹染罗、绢；还有宁夏回族自治区考古研究所以及俄罗斯圣彼得堡爱米塔什博物馆的西夏夹染遗物收藏，这些足以证明辽宋时期北方少数民族夹染生产的存在。

元代棉花种植普及，黄道婆对棉纺工具的改进和对先进技艺的推广，使棉织品逐渐取代丝、麻织品，成为应用最广的服装用料。由于棉织品吸水率大大高于丝织品，染料消耗巨大，因此彩色印染激增，彩色夹染被迫向单色发展。由于灰染较木版的夹染更简单易操作，且大大降低了生产成本，夹染逐渐萎缩。明后期，随着棉织业、印染业的进一步发展，蓝印花布风行天下，而夹染已基本被文献记载所遗忘，以致近代学者认为夹染消逝于明末。实直至 20 世纪 70 年代初，浙江南部地区的广大的村民，仍把夹染当作婚嫁必备礼品。

（四）绞染（扎染）

1. 绞染小考

绞染，也称绞缬、撮缬、染缬，民间俗称绞染为疙瘩染、扎染，称绞染布为疙瘩花布、结花布。绞染与蜡染、夹染、灰染构成我国四大传统染色显花工艺，已有上千年的历史。

绞染的基本原理是通过缝制或捆扎布料来达到防染目的。将按照创作意图缝制、扎结好的布料投入染液煮沸，取出布料后拆掉绳线，即可显现出图案花纹，如图 3-39 ～图 3-42 所示，可以看出绞染工艺从绞到染的操作步骤。由于染液的渗透性和缝制、捆扎的松紧和密度不可能完全一致，染液的渗透不匀，自然形成由浅到深的色晕，使得绞染图案时常显得虚幻朦胧，情趣无穷。

中国绞染艺术的形成条件早在周代以前便已具备。目前可见的最早的绞染实物是甘肃敦煌马圈湾汉代遗址中出土的作为书写材料的断帛，中间写有文字的部分被卷好扎好，其他部分则绞染成红色。新疆吐鲁番的阿斯塔那发现了十六国时西凉的墓葬，其中出土了最早的绞染红绢，出土时其缚结时的缝线还未拆去，足以印证了折叠缝缀染色的方法。

到了唐宋时期，我国的绞染艺术趋于成熟，绞染染料的使用、染色工艺、扎花技术以及主题纹样、艺术形式、风格等出现了新的面貌。在北宋时期，因绞染制作复杂，耗费大量人工，政府为抑制侈靡、提倡素朴、重振国运、以安社稷，曾一度明令禁止绞染工艺的生产及使用。清代绞染手工艺依旧盛行，但随着清代后期战乱不休、兵荒马乱局面的出现，绞染工艺日趋衰落。但川、滇、湘等西南边陲的少数民族仍保留这一古老的技艺，四川的自贡、峨嵋，云南大理市的周城、喜洲、巍山，湖南湘西的凤凰都是有名的绞染之乡。那里的人们打破传统手法和传统图案的常规，创作出新颖，

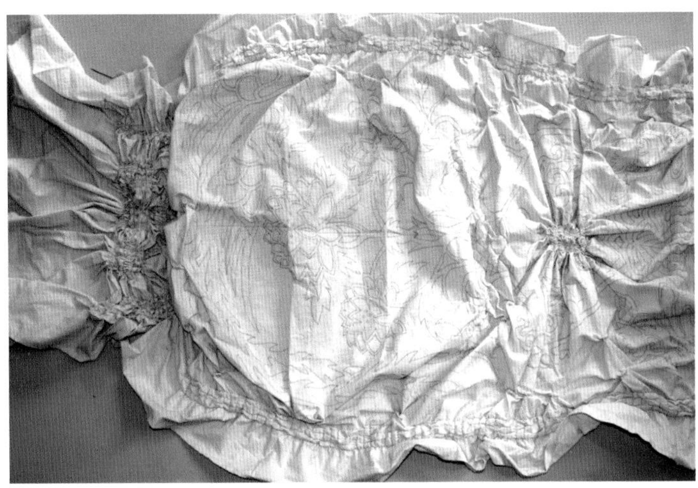

图 3-39　绞染第一步——描花纹

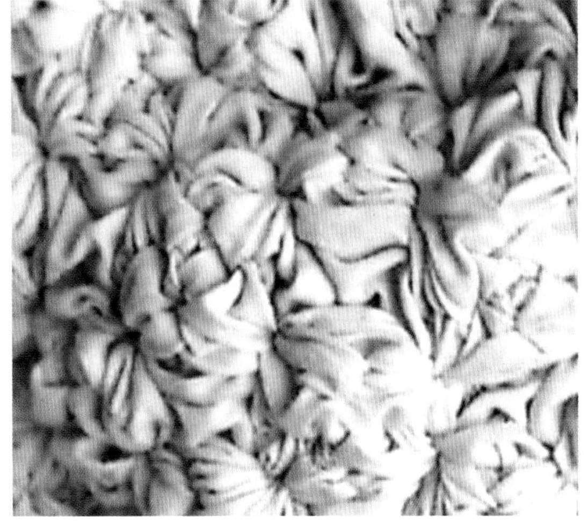

图 3-40　绞染第二步——以线缝之即扎花

图 3-41　绞染第三步——入染后晾晒

图 3-42　绞染第四步——拆线

富有现代气息的作品，但多为旅游纪念品出售，总体来说仍处于手工作坊阶段，没有形成工业化的生产方式。除中国外，印度、日本、柬埔寨、泰国、印度尼西亚、马来西亚等国家也有绞染手工艺。可从众多的诗词中得知。例如，著名词人纳兰性德写有“笑卷轻衫鱼子缬，试扑流萤，惊起双栖蝶”，曹寅写有“瑶岛春寒碧缬衣，马嵬尘土践杨妃”的赞美诗句。

2. 少数民族绞染

绞染工艺过程分设计、上稿、扎缝、浸染、折线、漂洗、整检等工序。首先，选好布料，然后在布上印上设计好的花纹图样，按照图样要求，分别使用撮皱、折叠、翻卷、挤揪等方法，将图案部分缝紧，成疙瘩状，经反复浸染，晾干拆线，被线扎缠缝合的疙瘩部分色泽未渍，则呈现出各种花形。由于不同部分扎的手法及松紧程度不一，在花纹与底色之间往往还有一定的过渡性色泽，呈现出渐变的效果，花的边沿有渍印造成的渐淡或渐浓的色晕，显现出丰富自然而变幻迷离的情调。

绞染图案的最大特征在于水色的推晕，呈现出捆扎斑纹的自然意趣和水色迷蒙的特殊效果，这是其他印染方法所难以达到的。少数民族绞染手工艺多选手工纺织的纯棉、麻白布为原料，经过手工绘制工艺图案，用针线依照图样进行扎牢。绞染图案通常是圆形、方形、螺旋形等，也可以是自然纹（如日、月、星、云、山、水、石等）、动物纹（如虫、鸟、鱼、兽等）、植物纹（如花、草、叶、果等）、人物纹和吉祥纹等。

（1）白族绞染

云南大理白族的草木绞染工艺十分著名，历史上白族绞染织品曾经是进奉王朝的贡品。唐初白族先民的纺织业已达到较高水平，从唐代《南诏中兴国史画卷》和宋代《大理国画卷》中人物的服饰来看，早在一千多年前，白族先民便掌握了“染采纹秀”的印染技术。经过南诏、大理国至今的不断发展，绞染已成为颇具白族特色的手工印染艺术。白族染织业历来以大理一带最为兴旺，就地取材的自产染料是大理白族绞染手工艺得以发展的原因之一。

众所周知，大理古城是古代南方丝绸之路重要的驿站，唐太和三年（公元829年）南诏国从成都掳去数以万计的各类工匠，其中有大量的丝绸织染匠，所以大理绞染流行的纹样及缝扎染色工艺与蜀缬十分接近。生活在苍山、洱海间的大理白族长期传承着绞染艺术，是我国目前绞染工艺最为集中、规模最大、产量最多的地方之一。如今，洱海西岸喜洲镇的周城村已经被国家文化部命名为“中国民间扎染之乡”，是白族绞染布的重要产地。除了村里有集体的绞染布厂外，还有以家庭为单位的扎花小作坊。传统绞染主要分布在大理周城和喜洲，街头巷尾随处可见做绞染的人们，当地流传着“一染、二银、三皮匠”的说法。经文化部提请，大理周城白族绞染手工艺已于2006年被列入国务院公布的第一批国家非物质文化遗产保护名录。

大理白族的绞染采用民间古老的手工印染工艺制成。布料为纯棉白布或棉麻混纺白布，染料为苍山上生长的蓼蓝、板蓝根、艾蒿等天然植物的蓝靛溶液，其中以使用板蓝根的居多。板蓝根是一种清热消炎的药材，早在李时珍时代，中国人就认识并使用它了。明末清初，云南社会经济大规模发展，大理的白族人将它用作了染料，先只是将生白布染蓝，后来学着扎上布，简单染出一些花样，装饰日常生活用品。以前用来染布的板蓝根都是山上野生的，属多年生草本植物，开粉色小花，后来用量大了，染布的人家就在山上自己种植，好的可长到半人高，每年三、四月间收割，先将之泡出水，注到木制的大染缸里，掺一些石灰或工业碱，就可以用来染布。大理白族绞染布质地轻柔，透气性强，具有吸汗、消炎、护肤等保健功能，而且具有色泽越洗越艳的特点。

白族姑娘染制的绞染制品，其花形图案由规则的几何纹样组成，多取材于动、植物形象和历代王公贵族的服饰图案，流行的图案有“蛾蛾花”、“鱼鳞花”和“葫芦花”等。图案古朴典雅，线条飘逸洒脱，颜色朴实无华，洋溢着浓郁的生活气息，形成独特的民族风格（图 3-43、图 3-44）。大理一带的白族妇女至今仍喜欢戴一尺见方的扎染头帕，一到赶街的日子，一大片蓝色，颇具民族特色。而平日里，在街头随处可见坐在自家门前自顾自地制作绞染的白族妇女（图 3-45）。

（2）黎族绞染

黎族绞染是黎锦织造中的一个独特的染织方法，其先扎经后染线再织布的方法，将扎、染、织的工艺巧妙地结合一起，可谓黎族妇女的“独门绝学”。苏东坡被贬居儋州（位于今昌江黎族自治县境内）期间，曾作《峻灵王庙记》，其中所说的“结花黎”，指的就是黎族的绞染技艺。

黎族绞染是将棉纱线理好作为经线，紧缚在染架上，将长约 160 厘米的筒裙经线的一端，套入活动扁木，在另一端插入一支小圆木棍，将经线拉平紧绷后，用绳子从两头把小圆木棍绑牢，活动扁木与小圆木棍之间便形成前后两层约 20 厘米宽的经线平面，即可用纱线捆扎经结。扎经结时，将前后两个平面的经线，分成小股（约 10 根纱线）并拢在一起，用深色棉线（便于显示花纹效果）绕 2 ～ 3 圈紧紧扎牢、绞紧，结扎成各种喜欢的图案。扎花的图纹没有固定的程式，常见的多为几何纹样。扎好图案后，从木架上取下纱线入染后晒干，然后再解开所结棉线，用清水漂洗，除去浮色，晾干，即可显出斑斓的色彩，最后用彩色纱线

莲纹

鱼纹

图 3–43　白族绞染

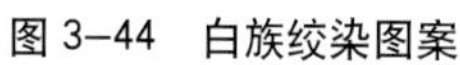

图 3-44　白族绞染图案

图 3-45　正在制作绞染的白族妇女

在织机上穿梭织成精致的彩锦。

（3）维吾尔族绞染

维吾尔族妇女喜爱穿用的艾德莱斯绸裙袍，亦是由颇具民族特色的绞染服饰手工艺制作而成。“艾德莱斯”在维吾尔语中意为飘逸、抽象，艾德莱斯绸即飘逸抽象的绸子。维吾尔族人将其取名为“玉波甫能卡那提古丽”，意思是布谷鸟翅膀花，隐喻这种绸布能给人带来春天的气息。由于这种绸布采用独特的扎经染色工艺，织造后形成的图案异于其他的绞染手工艺，色彩变化丰富瑰丽，宛若天上的云霞，故又名为“云绸”。

绞染染经的艾德莱斯绸具有悠久的历史，是新疆维吾尔族人民在学习了中原植桑、养蚕、缫丝等丝绸生产技术后，同时吸收古波斯等中亚人的染织方法后而创造生产的，是多民族多元文化交融的结果。古丝绸之路的重镇——新疆和田古称“于阗”，是西域三十六国中的大国。公元十世纪时，于阗国王李圣天就曾经带着大批和田织造的“胡锦”、“西锦”到中原进行商贸交易，颇受中原地区人们的喜爱，同时也销往伊朗、土耳其及一些中亚国家。清代诗人萧雄有赞颂艾德莱斯绸的诗云：“彩帕蒙头手挈筐，河源两岸采柔桑。此中应有支机石，织出天丝云锦裳。[1]”北京故宫博物院现存的三块艾德莱斯绸，就是送给乾隆皇帝的贡品。

传统的艾德莱斯绸是先将经线按照图案需要进行绞染，将整好的丝卷在轴上，再套在

[1] 出自（清）萧雄《蚕桑》，歌颂维吾尔族妇女勤劳手巧。“彩帕蒙头手挈筐”为南疆少女习俗，“支机石”是传说中织女用来支撑织布机的石头。“天孙”，即织女，天帝之孙。

手摇转轴上分成均匀的股，由经验丰富的匠人在一股股丝线平铺成的“画稿”上绘出巴旦木、木板纹花、梳子花、皇冠、流苏等墨稿。画好后再由扎结人进行扎结。颜色染好后即可整经，将扎结剥离后将丝线晒干。最后再随梭来回穿梭织上素色纬线。由于丝的拉力不同，花纹在织造过程中自然形成参差不齐的效果，使花纹显得生动活泼。因系扎手法的不同、松紧程度的不同，以及染液渗透力的不同，而呈现出深浅不同的自然色晕，形成参差错落、散而不乱、层次感丰富、独树一帜的绞染风格（图3-46）。

艾德莱斯绸因产地不同可分为两类。一类是和田、洛浦地区的，图案形象粗犷奔放，

图 3–46　穿艾德莱丝绸的维吾尔族女子

富有浪漫色彩，色调明快，常用黑、白、土黄、深红、墨绿、宝蓝、靛蓝等浓重的纯色，简朴大方。大面积的基本色通常只有两色，加上边缘点缀用色，不超过三色，鲜见五色以上的用色。常见纹样有：简单几何纹的二方连续或四方连续，跨度较大的羊角纹、巴旦木纹、乐器（艾捷克、胡西塔尔、热瓦普等）变形纹，穿插感较强的梳子纹、羽毛纹样等。另一类是喀什、莎车地区的，以色彩鲜艳著称，常用正黄、正红、翠绿、宝蓝、青莲、桃红等纯色，一般用色为 3 ～ 6 种色彩。彩条按纹样有规则地重复排列，形成有间隔多色组合形式。常见纹样有：简单几何纹，跨度较大的弧线羊角纹，穿插感较强的流苏纹，菱形、椭圆形、长条形的宝石纹样等。有学者认为艾德莱斯绸图案纹样是古代维吾尔族信奉萨满教，崇拜树神、水神的宗教意识的反映，也有学者认为是来自巴旦木纹、梳子纹以及民族乐器的变形纹样。

除了上述地区和民族外，湖南凤凰一带的苗族也喜欢绞染工艺。图 3-47 ～图 3-49 为刘大炮先生制作的绞染作品，图案以人物造型为主，运用了多种绞染的手法。刘先生的徒弟吴花花女士也是当地有名的绞染名匠，图3-50 ～图 3-52 分别为吴花花向笔者展示她的绞染作品，吴花花的绞染作品用线——粗的棉质线，绞染的绞法。图 3-53 ～图 3-57 为吴花花女士绞染的几何形图纹，图形设计生动且富有韵律感。而她制作的动物纹样绞染作品，则将所刻画的动物形象展现得惟妙惟肖（图3-58、图 3-59）。在湖南凤凰当地，随处可见绞染的制品，图 3-60 为用绞染下脚料制作的布沙包。

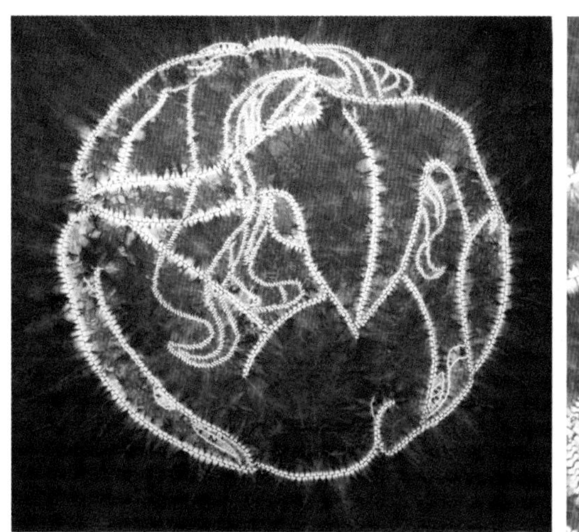
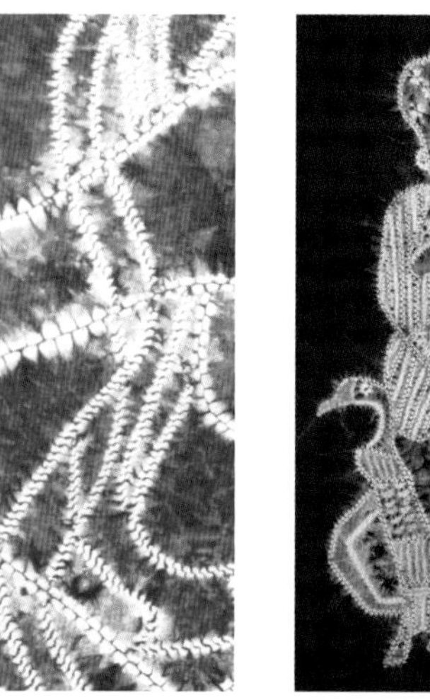

图 3–47　刘大炮先生的绞染作品（一）

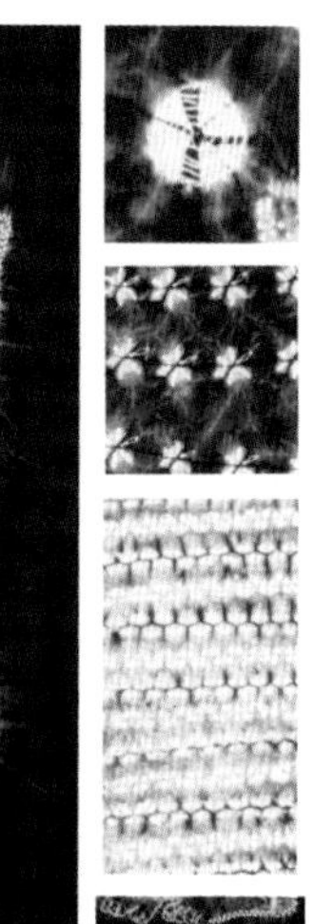

图 3–48　刘大炮先生的绞染作品（二）

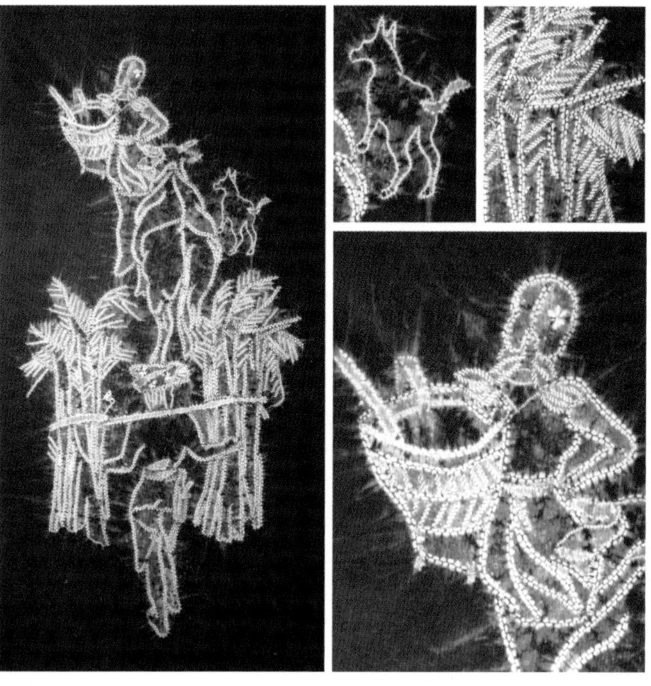

图 3–49　刘大炮先生的绞染作品（三）

图 3–50　吴花花及其作品

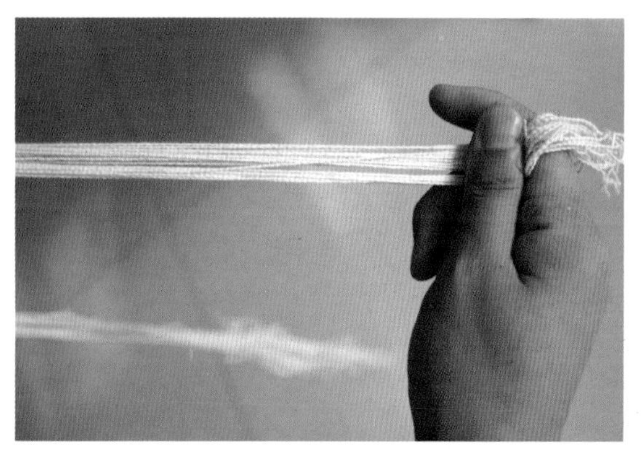

图 3–51　吴花花制作绞染的棉线

图 3–52　吴花花演示绞法

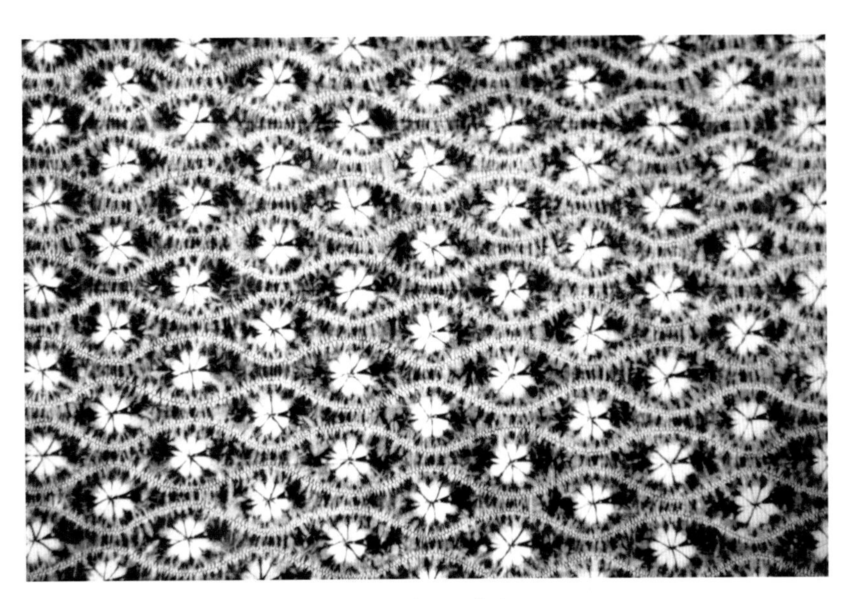

图 3–53　吴花花的绞染作品（一）

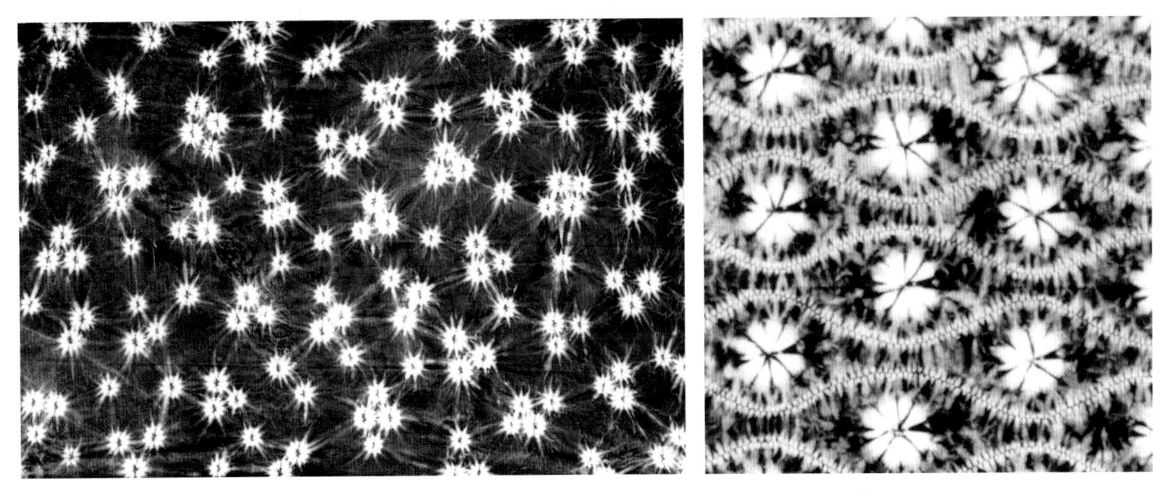

图 3–54　吴花花的绞染作品（二）

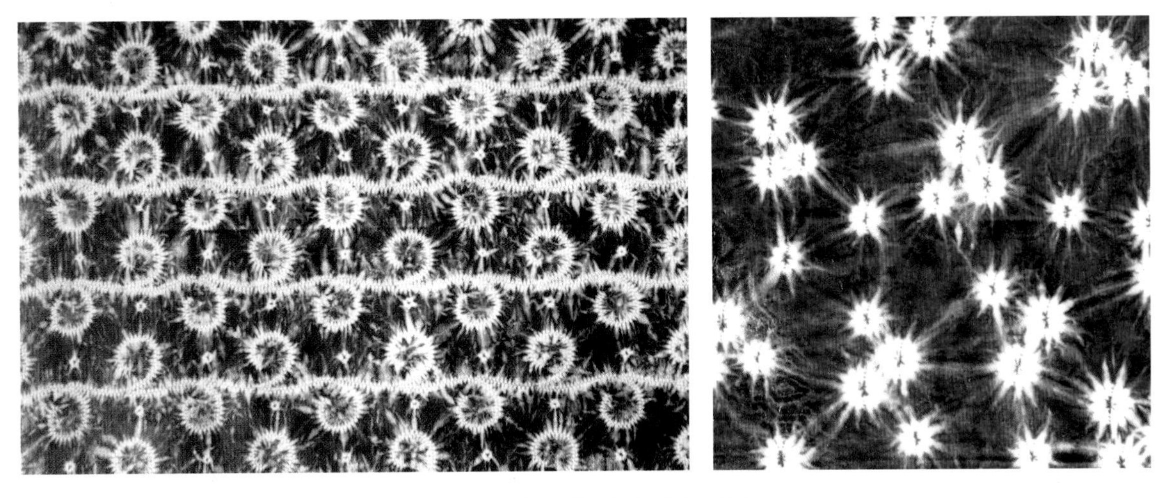

图 3–55　吴花花的绞染作品（三）

图 3-56　吴花花的绞染作品（四）

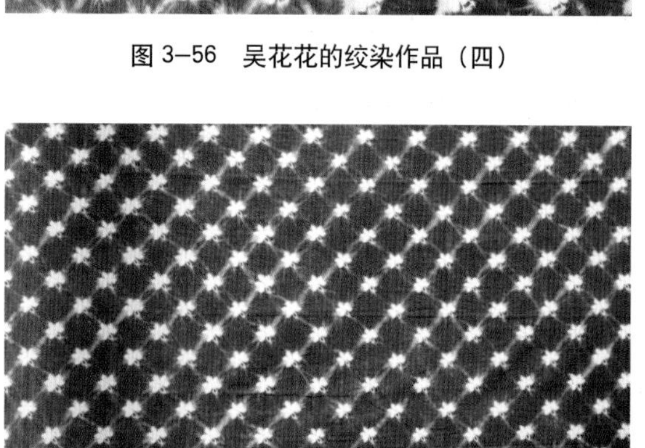

图 3-57　吴花花的绞染作品（五）

图 3-58　吴花花的绞染作品（六）

图 3-59　吴花花制作的绞染生肖图案惟妙惟肖

图 3-60　绞染布沙包

在少数民族传统服饰中，绞染织物可制成头帕系于头上，也可制成服装穿用。在现代设计中，对于绞染的应用方式，往往不限于此。目前，较为流行的应用方式是成衣绞染，即将制作好的成衣进行绞染上色。这种方式制作出来的服饰通常是用扎花将成衣分割成上下两个色块，而扎花未被染色的地方则作为两色的过渡。由于每次扎花不可能完全一致，染色后的效果自然件件不同，这与传统绞染应用方式相比更富有变化，更令人期待。而且，设计师可以灵活选择要进行绞染的部位，类似于裁剪方式中的立体裁剪，设计作品更生动、立体，

图 3–61　绞染与吊染相结合的时装设计作品（一）

图 3–62　绞染与吊染相结合的时装设计作品（二）

因此许多设计师更热衷于成衣绞染的应用方式。除此之外，在时装设计中，设计师可以将多种染色方结合，图 3-61、图 3-62 为笔者设计的时装作品，设计时即将绞染与吊染的方法进行了结合运用，于 2009 年 12 月在中国美术馆展出。

（五）蜡染

1. 蜡染小考

蜡染也称“臈缬”、“蜡缬”，它是我国古代优秀的防染印花工艺之一。在历史文献中有关蜡染的记载不多，《后汉书》、《临海水土志》、《新唐书》等文献中虽有“染彩”、“斑文布”等记述，但并没有明确指出为蜡染。

蜡染的出土文物可追溯到东汉和南北朝时期。1959 年新疆维吾尔自治区博物馆考古队，在民丰尼雅东汉墓中发现两块蜡染棉布，其中一块为“人物蓝白蜡染棉布”，残布长 89 厘米，宽 48 厘米，手绘完成蜡染图案，图案中有背光的半裸女像；颈饰珠圈，手持牛角状物；另一件是几何纹蜡染棉布，主体部分由交叉米格线组成，纹样上面为横排的圈点纹，圈点纹和交叉米格纹外框有五条平行线纹，其中一条为锯齿状。同年，在于田屋于来克古城遗址出土了北朝（公元 396 ～ 581 年）蓝色蜡染毛织品两件，尺寸分别为长 11 厘米、宽 7 厘米和长 19 厘米、宽 4 厘米，图案由 7 个圆点组成的小团花，底色为蓝色。汉晋以来，蓝白蜡染开始普及，产品不仅有棉蜡染、毛蜡染，而且出现了丝绸蜡染。1960 年，新疆维吾尔自治区博物馆考古队在吐鲁番阿斯塔那墓出土一件西凉时期（公元 400 ～ 421 年）的蓝底白花蜡染绢。蜡染绢的图案由圆点构成菱形骨架，菱形中心位置为一朵由圆点构成的七瓣小花。

我国使用蜂蜡的历史十分悠久，西晋已能将混合的蜜蜡分开提炼，分别加以利用。而在秦汉时期，人们便已经用蜂蜡、树脂做防染剂，用植物蓝靛做染料，染制蓝白相间的布料。用蜡质做防染剂，不仅方便卫生，而且效果独特。但在当时中原地区蜡质材料来源稀少，蜂蜡采集困难。故此有学者认为：“蜡染盛于唐代，到宋代灰染逐渐在中原和江南取代了蜡染的位置，原因是蜡质资源的稀缺与蜡染生产规模的扩大对蜡质防染剂需求增大的矛盾以及灰染生产成本更低所致。❶”

蜡染的制作是将融化的石蜡或蜂蜡等作为防染剂，用蜡刀或毛笔蘸取蜡液涂绘在布料上，待蜡液冷却后，浸入冷染液浸泡数分钟，染好后再以沸水将蜡脱去。据《贵州通志》载：“用蜡绘花于布而染之，既去蜡，则花纹如绘”❷。除蜡后未被染色的部分就显现出布基的本色，从而形成一种特殊的图案纹理——冰裂纹。这是由于蜡冷却后经碰折就会形成许多裂纹，染后这种自然、美丽的裂纹能够清晰地显现出来，成为具有特殊韵味的一种装饰。蜡染有单色和复色两种，复色蜡染用多种染料相互浸染，会产生五彩缤纷的色彩效果。蜡染图案形象既可以刻画得十分严谨精细，也可以粗犷、奔放，表现形式丰富而自由。

2. 少数民族蜡染

自宋以来，蜡染逐渐从中心地带转向边远地区、从中原和江南向西南少数民族地区发展。生活在湖南、云南、贵州等地少数民族地区的苗族、水族、瑶族、仡佬族、壮族、黎族、布依族等民族，一直以来将蜡染作为美化生活、装饰自身的主要手段之一。尤其是贵州素有“蜡染之乡”的美称而闻名于世，现存贵州蜡染博物馆安顺出土的“鹭纹彩色蜡染裙”就是宋代的蜡染作品。贵州蜡染图案种类繁多，通常可分为自然纹和几何纹。其中，自然纹中动植物纹较为常见，几何纹则多见自然物的抽象变形。较为普及和典型的纹样主要有以下八种：铜鼓纹（以铜鼓的鼓面纹饰作为纹样，整体为圆形，中心是太阳，四周是光芒，因此而得名太阳纹）、螺旋纹（形如圆形化的指纹，表现水波纹或盘蛇）、鸟纹（如锦鸡、麻雀、燕子、喜鹊等）、蝴蝶纹、龙纹、鱼纹、花草植物纹（如牡丹、莲花、桃子、石榴、荞麦花、

❶ 王华：《蜡染源流与非洲蜡染研究》，东华大学博士论文，2005 年。
❷ 见（清）乾隆鄂尔泰《贵州通志》第二十卷：蛮獠。

梅花、桃花、蕨花等）、山川星辰纹。这些纹样古朴素雅，内涵丰富，具有独特的艺术魅力。

少数民族妇女将蜡染做成花边，剪下来镶在袖子上、衣襟上和裤脚边缘，或做成装饰飘带用来束围腰，还会用蜡染做成头帕、裙子、上衣、围腰、帽子等服饰品。少数民族人们不仅保存了蜡染工艺，而且留下了极为丰富的图案。不同的民族风俗和审美特征形成蜡染的不同艺术风格，蜡染应用的范围和部位也有区别。

（1）苗族蜡染

应用蜡染手工艺的苗族支系众多，其中以贵州丹寨、织金、黄平等地的苗族蜡染最具特色。蜡染不仅美化了苗族人的生活，而且具有托物言志、表达情感的载体功能，已成为苗族妇女日常生活中不可或缺的一部分。苗族蜡染除在衣裙上使用外，还在背袋等处使用，有时还会加染红、绿、黄等颜色，或在花蕊、枝叶上缀红色、绿色布，或在蓝底白花裙料的某个部位镶拼红色、黄色、绿色细边等，显得格外俏美。

丹寨苗族蜡染是贵州最有代表性的蜡染之一，在俗称为“白领苗”的苗族支系中。“白领苗”画蜡使用蜡刀，图 3-63 为他们自制的蜡刀。图 3-64 为丹寨白领苗人正在绘制蜡染。

丹寨苗族蜡染喜以自然纹为主体的大花，以自然界中的花鸟鱼虫为题材，既尊古又创新地绘制出别致的图案，线条活泼流畅，造型生动，富于夸张性和表现力。丹寨县境的白领苗自称为“嘎闹”[1]，自视为鸟的部族，以凤鸟为图腾，在他们的盛装中能体现出该部落的习俗，图 3-65、图 3-66 为丹寨苗族蜡染名匠杨芳制作的蜡染制品。至今丹寨蜡染中鸟的形象被白领苗族妇女们或写实、或变形地广泛运用在服饰、床单、被面等用品中。而最具代表性的几何纹样是螺旋纹，当地苗族群众称之为“窝妥”或“哥涡”，这种图案装饰在女性盛装的肩背、衣袖处，是最典型的历史纹饰（图 3-67、图 3-68）。

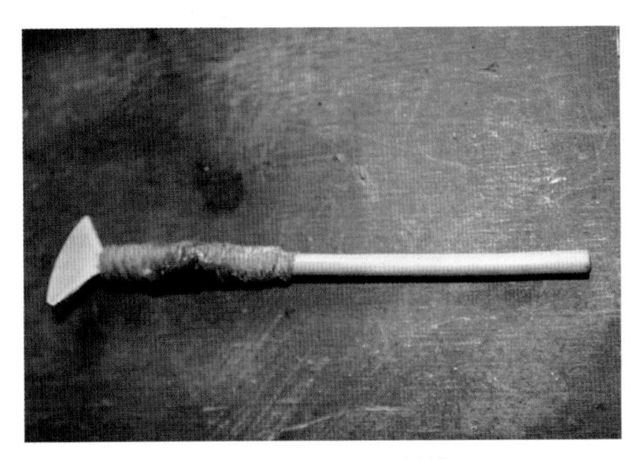

图 3-63　“白领苗”的蜡刀

图 3-64　丹寨苗族蜡染的绘制

[1] “嘎闹”为苗语，“闹”即鸟。

图 3–65 杨芳的蜡染作品

图 3–66 杨芳的蜡染鸟笼遮布

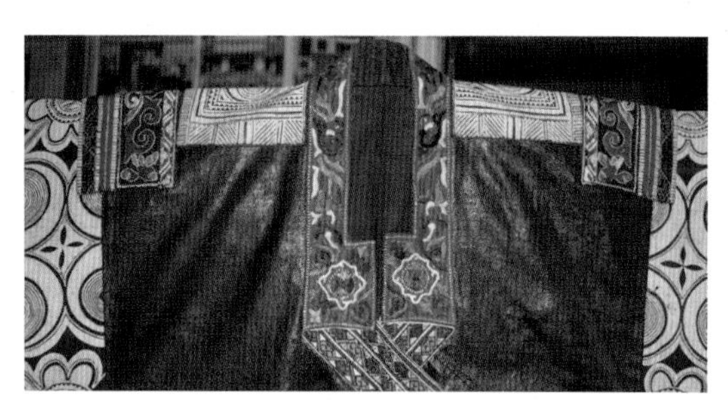

图 3–67 丹寨苗族盛装上衣正面

图 3–68　丹寨苗族盛装上衣背面

织金县内的小妥倮“歪梳苗”的蜡染手工艺也颇具特色，其蜡染主要用作服饰的装饰。由于使用较细密的棉布作蜡染的材料，从而使得画风精巧细腻，纹样也十分精致。图 3-69 为绘制蜡染的工具。图 3-70 ～图 3-76 为织金“歪梳苗”蜡染制作的工艺流程。

图 3–69　织金小妥倮村歪梳苗绘制蜡染的工具

图 3-70　蜡染第一步——画大致轮廓

图 3-71　蜡染第二步——绘制底稿

图 3-72　蜡染第三步——绘制细部图案

图 3-73 蜡染第四步——画蜡完成

图 3-74 蜡染第五步——投入染缸染色

图 3-75 蜡染第六步——染色后晾干

图 3-76 蜡染第七步——施绣

织金“歪梳苗”蜡染图纹风格细腻，难以想象如此细致的图纹竟是用蜡刀绘制而成，所以这需要画蜡者精湛的技艺。图 3-77 ～图 3-80 为当地蜡染名匠蔡群绘制的蜡染布片，其图纹的精细程度可见绘制者功力的深厚。

在蜡染的关键部位施以刺绣，是小妥倮蜡染的独特亮点，即在大面积的蓝、白蜡染纹饰之中用红、黄色丝线绣出星状小花点缀其间，这使得整体既具有协调的统一且局部又有色彩对比的变化（图 3-81）。织金地区苗族的蜡染也有着悠久和底蕴深厚的历史。在织金地区，未婚少女在节日跳场时常常背上自己制作的蜡染或刺绣背儿带，象征自己具备生殖能力，以吸引未婚男子前来求偶。蜡染作为“歪梳苗”擅长的服饰手工艺被广泛地应用在她们的盛装当中，如图 3-82 ～图 3-85 所示。

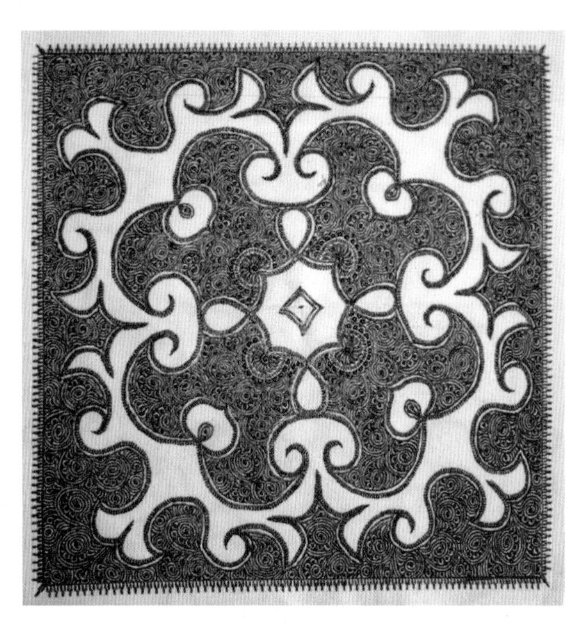

图 3–77　细密的织金“歪梳苗”蜡染图纹

图 3–78　“歪梳苗”蜡染图案

图 3–79　蜡染图案局部（一）

图 3–80　蜡染图案局部（二）

点刺

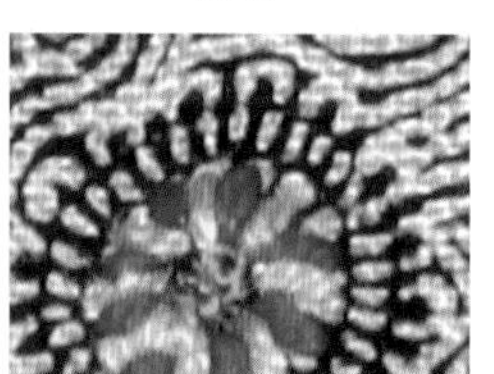

图 3–81　点刺局部

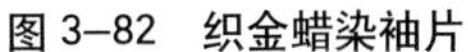

图 3-82　织金蜡染袖片

图 3-83　织金蜡染背扇

现今，织金“歪梳苗”人的蜡染工艺有了新的用处，随着旅游业开发的逐步成熟，她们将自己的服饰蜡染手工艺，制作成具有蜡染特色的旅游商品，深受南来北往的游客们的喜爱（图 3-86 ～图 3-88）。

如今保存在贵州黄平县的“黄平型”[1]僅家服饰蜡染手工艺，是中国蜡染技术及其传统的重要代表，是一份值得珍视和继承的宝贵民族文化遗产。殷商时期出土文物的图案纹样（饕餮纹拓片即饕餮猫头鹰全身图、周鼎饕餮图）与僅家护佑婴儿平安、健康成长的蜡染背扇纹样完全相同（图 3-89）。如今僅家妇女头顶的锥型发髻和上身穿的盛装蜡花衣，亦可与史籍中的“椎髻斑衣”的记载互为印证。黄平望坝僅家人制作蜡染时也

图 3-84　身穿盛装的蜡染名匠蔡群

[1] 按照贵州地理环境与形式风格，在中国台湾汉声杂志社编的《蜡染》一书中，编者将贵州蜡染工艺分为丹寨型、黄平型、安顺型、纳雍型、镇宁型等主要类型。

是先要将蜡融成蜡液，图 3-90 为望坝妇女主任王秀英正在生火化蜡。图 3-91 是她正在画蜡，画蜡的工具也是铜质的蜡刀（图 3-92）。黄平僅家人在画蜡时不打底稿，而是胸有成竹地按他们心中的设计，将龙凤、水草、谷穗、鱼虾、蝴蝶、青蛙、雀鸟、豆类、瓜果以及神化人物等，活灵活现地绘制在布料上。

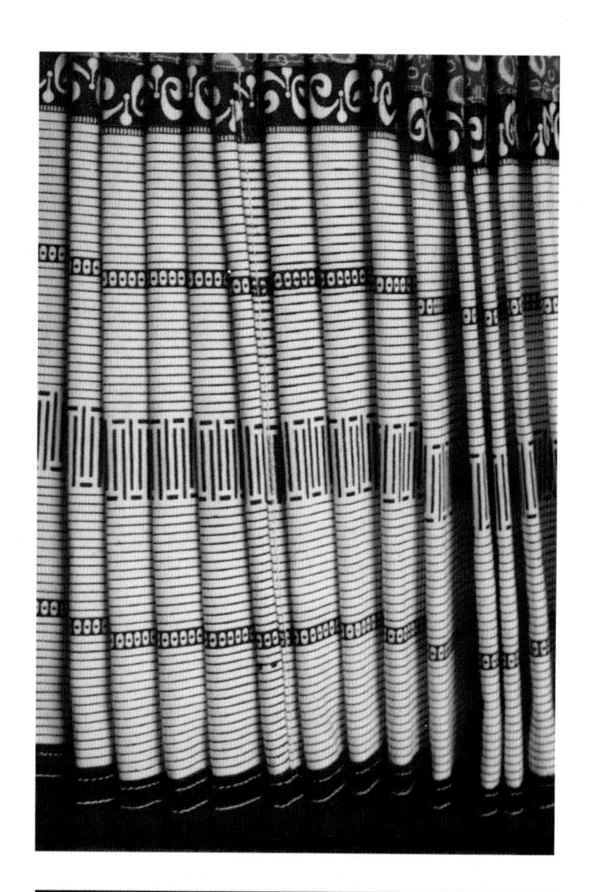

图 3-85　百褶裙上的蜡染

图 3–86　蔡群绘制的蜡染画

图 3–87　蔡群绘制的蜡染书法

图 3–88　蔡群绘制的蜡染纪念品

图 3–89　黄平僅家蜡染背扇

图 3–90　生火准备化蜡的黄平僅家人

图 3–91　画蜡

图 3–92　黄平僅家人使用的蜡刀

在僅家聚居的地区，关于后羿射日的传说很多，由此在僅家蜡染图案中有许多象征太阳和与太阳有关的纹样，黄平僅家人为了纪念英雄“卡皞”，不仅用自己服饰上的蜡染图案记录下了英雄射日的壮举，而且其蜡染服饰图案至今仍具有明显的日崇拜痕迹。图 3-93 ～图 3-95 为黄平僅家人的头饰，上面蜡染的图案反映了射日的历史。

图 3–93　黄平僅家姑娘的射日红缨帽和箭形白银簪

图 3–94　已婚有育的妇女发饰

图 3–95　望坝僅家男子花冠帕

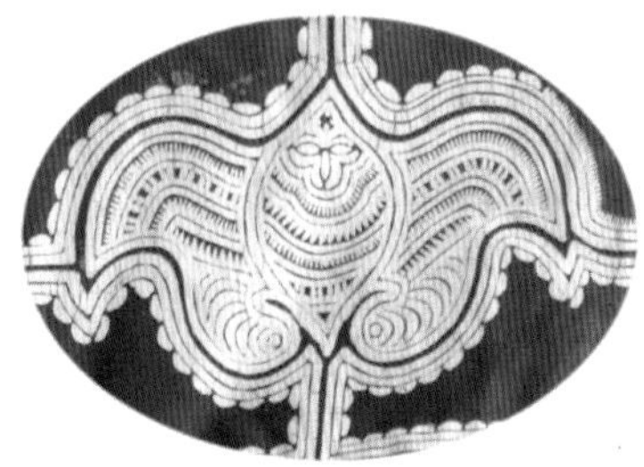

图 3–96　黄平僅家蜡染上衣局部

僅家女子的衣帽似盔甲的样式，身上的贯头衣是铠甲，裙子、绑带和腰带上的蜡染图案好似全身披挂了银盔银甲，描绘了先祖征战时曾带过 9999 个兵打仗的历史（图 3-96 ～图 3-100）。这些蜡染图案既体现出黄平僅家对祖先的崇拜和缅怀之情，也反映出僅家为有这样英勇威武的祖先而感到自豪、骄傲的民族心理，同时成为僅家认同、传承历史的独特标志，是僅家历史文化积淀的物化再现。

图 3–97　望坝僅家妇女围腰带上的蜡染螺纹

图 3–98　望坝僅家女子盛装肚兜腰带

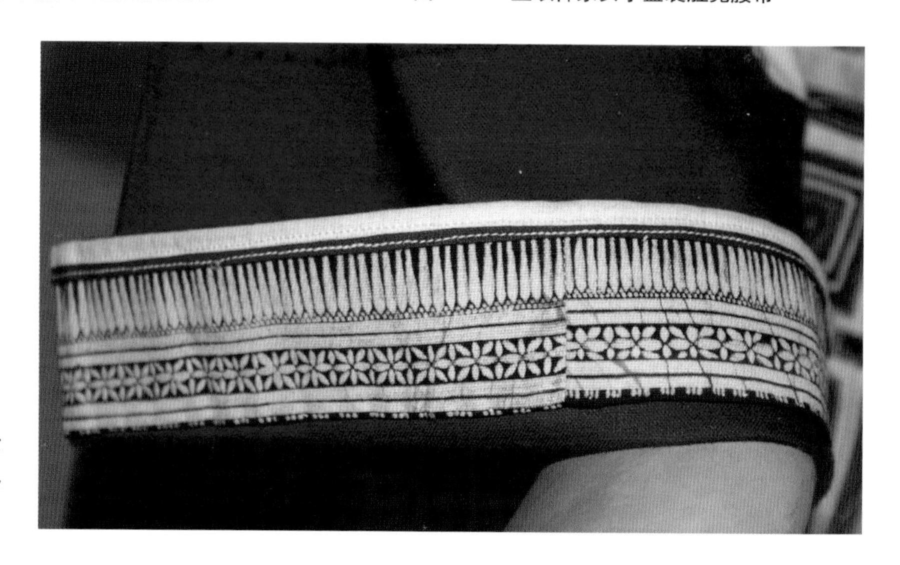

图 3–99　黄平重兴僅家妇女盛装大襟右衽内衣的蜡染几何纹袖口翻边

图 3–100　黄平重兴亻革家蜡染围兜

尽管与贵州其他地区、民族的蜡染颇为接近，但黄平亻革家服饰蜡染中隐藏的某些细节仍能显现出其特殊之处。例如，黄平亻革家服饰蜡染图案鲜用大块色，以流畅的双线勾勒为主，线条疏密有致、均齐对称、工整秀丽而不刻板流俗，画工细致（图 3-101 ～图 3-102）。从整体的服饰色彩搭配看，黄平亻革家服饰一般都是蓝、白色蜡染间橘红色和黄色刺绣，蜡花呈白，刺绣显红，红、黄、白、蓝相映，与黄平亻革家人崇拜太阳，表现太阳的色彩、光芒有关，也是黄平亻革家这个共同体有别于其他少数民族的不同之处（图 3-103）。受到旅游开发所带来的外来文化的冲击，望坝的亻革家人开始主动寻求商机，自行开发设计一些具有民族特色的工艺纪念品，图 3-104 为王秀英制作的蜡染工艺伞。

（2）布依族蜡染

布依族的先民是古越人中“骆越”的一支，自古以来就生息繁衍于南北盘江、红水河流域及其以北地区。布依族在 1953 年以前一直被称为“仲家”或“夷人”。布依族蜡染是布依族民间传统印缬工艺，布依人称蜡染为“读典”，又叫“古典”。布依族蜡染以贵州西部镇宁、安顺、关岭、晴隆、六枝、普定一带最为盛行。其中，镇宁扁担山的石头寨素有“蜡染之乡”的美称，而惠水、长顺地区的布依族则喜做枫香染，这种蜡染手工艺是用当地盛产的枫香树脂加牛油作防染剂，用毛笔蘸枫香树脂混合液手绘图案于白布上（图 3-105 ～图 3-108），将其投入蓝靛染料中浸染（图 3-109 ～图 3-111）后再水煮去除树脂油并晾晒（图 3-112），染后的蓝底白花，与用蜡做防染剂的效果相同（图 3-113）。

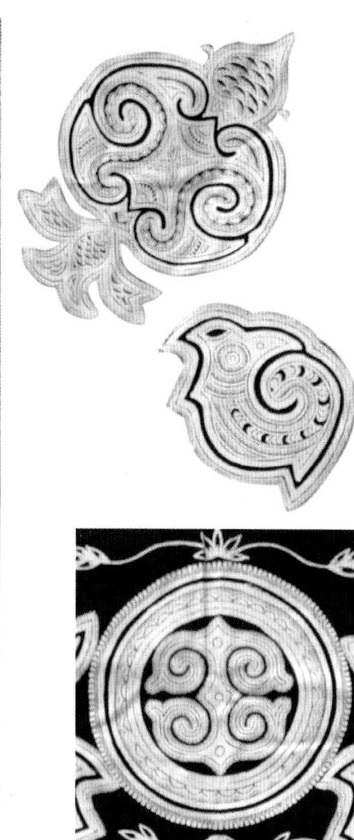

图 3-101　王秀英绘制的蜡染包片

图 3-102　王秀英绘制的蜡染饭篮盖帕

图 3–103　黄平僅家蜡染与刺绣的搭配

图 3–104　王秀英绘制的蜡染工艺伞

图 3–105　布依族画蜡时蘸取的蜡液

图 3–106　石头寨布依族人正在绘制蜡染衣袖片

图 3–107　画好蜡的布依族蜡染衣袖片

图 3–108　画好蜡的布依族蜡染衣袖片

图 3–109　制好的蓝靛染料

图 3–110　浸染中的衣袖片

图 3–111　面积较大的蜡花衣片在染缸内浸染

图 3–112　石头寨布依族妇女将浸染好的布片挂在外面晾晒

图 3–113　石头寨布依族染好的蜡染布片

由于布依族长期居住水边，以耕渔为生，所以与水相关的纹样在他们的蜡染服饰中也有所反映，其蜡染衣袖上的纹样以旋涡纹和水波纹为主（图 3-114、图 3-115），蜡染裙上的纹样以网纹为主，另外，种子纹也在布依族蜡染上频繁大量地出现。贵州镇宁布依族的蜡染多为单色，即蓝底白花，图案多用于衣领、袖、裙上，喜用龙爪菜、茨黎花和涡状、波状、连锁式花纹，层次丰富，清新淡雅。用在衣袖部位的蜡染图案常为同心圆构成铜鼓纹样，这种图案“与布依族视铜鼓为神灵的崇拜意识有关”❶。

如图 3-116、图 3-117 所示，为宗族象征的蜡染衣袖纹样。大圆之中的涡圈是水涡，大圈边上十多重的三角形是山坡。水涡代表着宗族里的支系结构：中间的一圈代表着宗族里的大支；外侧的六圈则为宗族里的小支；大圈和小圈彼此用线条相连，隐喻着宗族应紧密相连。这一纹样可以说是早期布依族的谱系图，反映着部族的历史。布依族妇女将这些水涡、山坡通过蜡染工艺绘制在衣袖上，将族群的历史穿在身上，举手投足间就能时刻看到，便能谨记不忘。

❶ 丁文涛：“布依族印染工艺探源”，载《贵州大学学报》（艺术版），2007 年，第 2 期。

图 3–114　布依族妇女衣袖上的蜡染（一）

图 3–115　布依族妇女衣袖上的蜡染（二）

图 3–116　布依族妇女衣袖上的蜡染（三）

图 3–117　布依族蜡染衣袖片

图 3-118 为石头寨布依族的蜡染袖片，如图所示最内侧的 1 代表大宗；圆弧外围的 6 个水涡纹是 2 代表小宗；3 代表小宗各房；4 代表长寿；5 表示夫妻，圈隐喻着家，最外圈 27 片形如花瓣；6 表示各家的下一代将向外繁衍；高高突出的 7 代表塔堡；8 是塔堡两侧呈 45 度角竖起的，代表塔堡拉门；拉门下两个涡形则是 9，代表可拉起的吊桥；下面几圈半圆形突起的是 10，代表高地；图形最外侧的两个半圆形突起的是 11，代表坡岸；而在高地、坡岸、吊桥间，还有许多水涡，代表中间有水、旱沟。

图 3-119 为另一石头寨布依族的蜡染布片，整块布由四块相同纹样的布片组成，纹样同样富有深刻的意义，因为布依族妇女喜欢将石头寨附近自然地理环境描绘在蜡片上，因此纹样中的每一层都有其指代的内容，恰似寨前寨后的实景地图。第 1 层九列小圆点是天上的星辰；第 2 层三个长锥形一组的纹样是树木；第 3 层水平线是界线；第 4 层略粗的水平线是河流；第 5 层两条平行的水平线是道路；第 6 层五六个小圆点围着一个小圆点是鱼虾籽；第 7 层两条水平线是道路；第 8 层道路下面并列的尖齿状物是狗牙板；第 9 层方形框内的横竖线条，左边是寨子大门，右边是粮仓；第 10 层狗牙板；第 11 层道路；第 12 层卷曲的波浪线条是流水；第 13 层道路；第 14 层鱼虾籽；第 15 层界线。

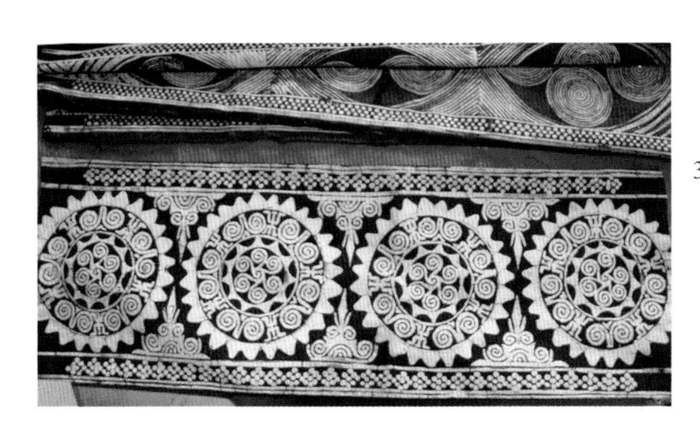

3 小宗各房
1 大宗
2 小宗
4 长寿
5 夫妻
6 繁衍下一代
7 塔堡
8 塔堡的拉门
9 吊桥
10 高地
11 彼岸

图 3–118　石头寨布依族蜡染袖片

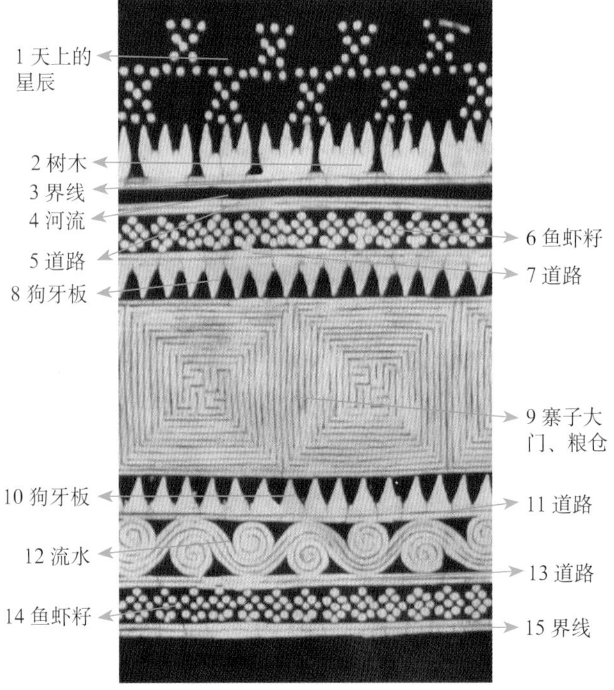

图 3-119　石头寨布依族蜡染布片及局部纹样

图 3-120、图 3-121 为石头寨布依族妇女的百褶长裙及其局部纹样。百褶长裙上面绘制的蜡染图案有着深刻的含义：1 代表着田地；2 是狗牙板；3 是道路；4 是鱼虾籽； 5 是河流；6 是森林。石头寨布依族妇女将所处的自然景物用蜡液绘制在服饰上入染，可谓是绘在衣服上的地图。

蜡染除去被运用在传统服饰上，还伴随着石头寨旅游业的发展而变得更加丰富，一些外来的纹样为石头寨的蜡染提供了新的题材，彩色蜡染也逐渐多了起来，各式样的旅游纪念品层出不穷（图 3-122、图 3-123）。

图 3-120　布依族蜡染长裙

图 3-121　布依族蜡染长裙局部纹样

图 3-122　石头寨布依族蜡染门帘

图 3-123　石头寨布依族蜡染工艺品

（3）瑶族蜡染

瑶族蜡染手工艺古朴而独特，瑶家妇女几乎人人都会做蜡染。流行于广西、贵州瑶族地区的蜡染，称为“瑶斑布”，历史也非常悠久，工艺精湛，花纹十分细腻、清晰，线条流畅。

瑶族历史悠久，由于长期频繁迁徙，大分散小聚居，与其他民族交往甚多，由此导致本民族内部出现一些不同的文化差异，蜡染手工艺也有所差别。例如，麻江县龙山乡河坝瑶族蜡染属枫脂染类，又称“枫香染”，采用牛油和枫香油的混合物代替蜡（图 3-124、图 3-125），在浸染的过程中，因没有蜡的破裂，所以在蜡染成品上没有冰纹的产生，图案细密完整。

河坝瑶族蜡染的工艺流程是：每年六七月份在枫树的主干皮层上用刀画出若干道条痕，取回流出的枫脂，将枫脂和牛油大约按 10:2 的比例混合后加热且保持恒温。待两种油缓慢融合后，就用自制的竹制小蜡刀蘸取油脂涂于自织的并绘有底稿的白土布上（图 3-126、图 3-127）。其图案主要以花、草、虫、雀、鱼等为主，间以几何纹、雷纹、云纹、锯齿纹等。待蜡干后浸染上色，图 3-128 为染好色的半成品。河坝瑶族枫香染的特点是土布较厚，因此点蜡时，蜡液并不渗透布面，染后布料的背面是没有图案的，如图 3-129 所示。麻江妇女喜欢青底白花、蓝底白花，或青底蓝花、青底绿花的色彩搭配，如图 3-130 ～图 3-134 所示，染色后拿到河边漂洗、去蜡、阴干即可。

图 3–124　瑶族枫香染使用的牛油

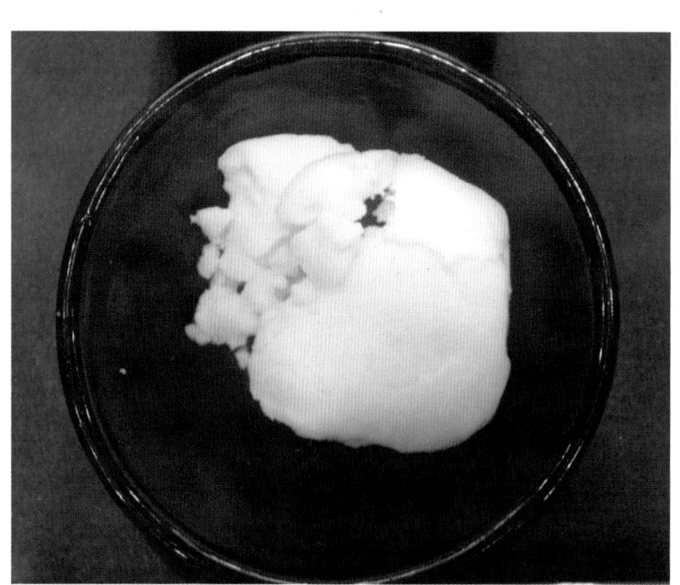

图 3–125　枫香油

图 3–126　枫香染画好图案的布

图 3–127　画好蜡的瑶族枫香染成品

图 3–128　枫香染染好色的半成品

图 3–129　瑶族枫香染的蜡液并不浸透至布的背面

图 3–130　瑶族枫香染染制好的成品

图 3–131　河坝瑶族枫脂染头帕，青底蓝花

图 3–132　河坝瑶族枫脂染头帕，青底绿花

图 3–133　瑶族枫香染被面图案

图 3–134　河坝瑶族枫脂染被面

河坝瑶族比较有特色的服饰是蜡染头帕和头巾。头帕长约70厘米，两侧有流苏，戴的时候叠成双层。头帕的里面是头巾，其包法为将头帕搭在围好的头巾上，枫脂染头帕呈向后矗立状，两者之间既不用系带也不用别针，借着相互间的摩擦力，即使是走路、劳作时，也能稳稳地待在头顶（图3-135～图3-137）。同样纹样的头巾和头帕，河坝人也会用刺绣工艺来制作，如图3-138所示。除了成人的服饰当中少不了蜡染，就连童装中也常用枫脂染工艺来进行装饰（图3-139～图3-142）。

图3-135　瑶族枫香染头巾

图3-136　瑶族枫香染头巾

图3-137　头戴枫香染头巾的河坝妇女主任赵元秀

图3-138　河坝瑶族刺绣头巾，青底蓝花

图 3–139　河坝瑶族童装枫脂染背心

图 3–140　河坝瑶族枫脂染口水兜

图 3–141　河坝瑶族枫脂染口水兜反面

图 3–142　河坝瑶族枫脂染儿童上衣

除此之外，白裤瑶也是我国南方具有悠久历史的瑶族支系之一，自称“瑙格劳”。荔波瑶山白裤瑶蜡染制作，是将粘膏汁❶加上牛油熬煮之后，趁热用蜡刀在自制的白布上绘制几何图案，既不打样，也不借助直尺和圆规，只凭构思徒手绘画。绘制完成后，投入染缸渍染，染液是用桐仁壳、荞麦秆或稻草火灰清水过滤后，加蓝靛、酒按比例制成的混合液。染好捞出用清水煮洗，蜡熔化后即现花纹。

除了以上四种传统染色方法外，我国少数民族人民还会应用木板捺印法，也可以理解为直接印花。木版捺印法印花的花版以木板制作，其印刷方法是以木刻凸版刷上靛蓝直接印于布上，如同“印戳”。木板花版多为四方连续图案，由艺人顺序捺印于布料上。这种印制方法曾经传入欧洲。

木版捺印法，在我国主要流行于新疆维吾尔族。新疆维吾尔族的彩色印花布受西传的活字印刷技术启发，将图案刻在一块质地坚硬的梨木板上，形如模戳或大图章，再用多块模戳凸纹花版拼印成整幅图案。因新疆的木模彩色印花的木模型如模戳或大图章，故也称“模戳印花”或“章型印花”。梨木模戳大小不同，大的有 20 厘米 ×30 厘米，小的有 15 厘米 ×16 厘米。新疆维吾尔族木版捺印图案丰富，多以枝叶、花蕾、蔓草为主体，还有带有伊斯兰教色彩的多组龛形纹样的连续排列，并把花卉、长寿树、壶、盆、坛、罐、瓶等组成的主体花纹安置其中，有的在上方的左右角印上新月、五星或其他图案。图案可根据使用者的要求和印制材料的长短、大小灵活配置，自由构图。同一木印模，可反复连续，可左右对称，也可变化无穷地排列。印制时先印黑色，后印其他颜色，或是用笔填补其他颜色，操作简便，使用灵活。一般少数民族印花布图案构成可以分为两种类型：一种是印制匹料的四方连续图案，另一种是印制在各种服饰当中的适合纹样，如头巾、围兜、腰带等。

❶ 粘膏汁是当地粘膏树的汁液，粘膏树学名不祥，属椿科。

花随玉指添春色：少数民族立体式服饰手工艺

一片丝罗轻似水，洞房西室女工劳。
花随玉指添春色，鸟逐金针长羽毛。
蜀锦谩夸声自责，越绫虚说价犹高。
可中用作鸳鸯被，红叶枝枝不碍刀。

——唐·罗隐《绣》

一、刺绣

（一）刺绣小考

刺绣又名针绣、扎花，俗称绣花。在古代，刺绣被称为“黹”或“针黹”。人们掌握了在衣服上画缋的装饰手法，但是画上去的花纹会逐渐脱落，后来人们逐渐将画发展成绣，用丝线将花纹绣到衣服上。最初是绣画并用，先绣局部，再填彩。周代把绘画、绣、染丝等与丝有关的工艺技术总称为“画缋”❶。1974年陕西宝鸡茹家庄西周墓室第三层淤泥中出土的刺绣印痕，经考古工作者分析鉴定，认为这种刺绣是以辫子股针法在染过色的丝绸上，用丝线绣出花纹的轮廓线，继以毛笔填绘花纹的大片颜色，这是西周时期绣画工艺并用的佐证。

由于纺织品不易于保存，早期的刺绣品并不多见，但是从大量的文献记载中，我们可以知道到秦汉时期我国许多地区的刺绣手工艺都十分发达。汉末六朝时期，由于佛教的传入，绣制佛像的风尚开始兴盛，出现了人物形象的刺绣纹样，在绣法上也开始有两三色渐变绣线相间的晕染效果。出土于甘肃敦煌以及新疆和田、吐鲁番等地的丝织物残片绣品，整幅均用细密的锁绣绣制。其中，1965年敦煌莫高窟出土了北魏的一佛两菩萨说法图刺绣片一件。这幅绣品用彩色丝线绣制出佛像、菩萨、供养人和文字，供养人的长衫上绣有忍冬纹和卷草纹，这是东西方文化交流结果的印证。

唐代刺绣绣工更加精美、细致，刺绣图案与绘画密切相关，唐代绘画中的佛像人物、山水楼阁、花卉禽鸟也成为刺绣的纹样。传世的唐代刺绣颇多，有敦煌石室唐代绫地花鸟纹绣袋、灵鹫山唐代刺绣释迦说法图、有新疆吐鲁番阿斯塔那322号墓吉庆如意荷包等。其刺绣手法虽仍沿袭汉代锁绣，但更多以平绣为主，同时运用多种不同针法及多种色线。其中，采用金银线盘绕图案轮廓可增强立体感，属唐代刺绣的一项创新手法。

宋代刺绣致力于绣画，其绣法严整精巧，色彩瑰丽动人，日用与观赏两种刺绣种类由兼容并蓄发展到分而治之，且与书法和绘画艺术结合紧密，形成了画师供稿、艺人绣制，画绣结合的发展趋势。宋代刺绣不仅绣工精良，还对刺绣的工具和材料进行了改良，采用精制的钢针和丝细如发的线，绣线排列繁缛，出现了接针、齐针、正戗针等针法。20世纪60年代，杭州慧光塔出土的北宋时期罗绣经袱残片，针迹工整，技巧熟练，采用鸡毛针双面绣制对鸟纹，是我国最早见到的双面绣作品。1975年福建南宋黄昇墓中出土的大量南宋刺绣品中，78号蝶恋芍药刺绣中花边上的四只蝴蝶，神态不同，针法各异。第一只蝴蝶须为接针绣，翅为铺针绣，用齐针绣出圆形斑纹，再用钉线绣出轮廓。第二只蝴蝶须同为接针绣，大翅为铺针绣，小翅则用斜缠针绣出月牙形斑纹，大小翅的交界处用擞和针装饰，再用齐针绣出桂花形斑纹。第三只蝴蝶的翅为抢针绣，中间翅翼颜色略深且为擞和针绣。第四只蝴蝶大翅为

❶ 张乾元：《画缋》考辨，载《美术观察》，2003年，（10）。

铺针，用压针网绣绣出网状纹，小翅为铺针，再用齐针绣三个椭圆形的斑纹。其绣者能够按照绣品内容、用途的不同，灵活运用多种针法，足见其刺绣手法的高超。

元代统治者信奉喇嘛教，刺绣多带有浓厚的宗教色彩，被用于制作佛像、幡幢、僧帽、经卷。西藏布达拉宫保存的元代《刺绣密集金刚像》，具有强烈的装饰风格。元至正二十六年（1366 年）黄绢刺绣的卷轴式佛教《妙法莲华经》，展长 2326 厘米，宽 53 厘米，其绣纹为释迦牟尼佛说法图、经文、经文后题跋和护法韦驮像。其中《释迦牟尼佛说法图》刺绣施针均匀细致，设色丰富，构图合理，形象生动，使用了平绣、网绣、戗针绣、打籽绣、钉金箔、印金等多种绣法。

明代是我国手工艺极其发达的时期，此时传世闻名的刺绣为顾绣。嘉靖年间上海顾氏露香园，以绣传家，名媛辈出，顾名世次孙顾寿潜的妻子韩希孟是一位颇具才华的刺绣名家，善摹绣古今名人书画，尤善绣画花卉，并将诗、书、画结合起来，深得明代著名书画家董其昌赞赏。韩希孟所绣《宋元名迹图册》作于崇祯七年（1634 年），为传世顾绣中彪炳之作，以白绫为底，全册八幅：《洗马》、《百鹿》、《补衮》、《鹑鸟》、《仿米山水》、《葡萄松鼠》、《扁豆蜻蜓》、《花溪渔隐》，囊括了鞍马、人物、山水、畜兽、花卉、翎毛不同题材及水墨、设色、工笔、写意等风格。明代刺绣还有最具特色的洒线绣，洒线绣是纳线绣的前身，属北方绣种，即用双股捻线计数，按照方孔纱的纱孔绣制，图案以几何纹为主。1958 年北京定陵出土的明孝靖皇后洒线绣蹙金龙百子戏女夹衣，用三股线、绒线、捻线、包梗线、孔雀羽线、花夹线这六种线，结合十二种针法绣制而成，可谓明代刺绣的精品。

至清代，刺绣进入全盛期，且多为宫廷御用的刺绣品，大部分由宫中造办处如意馆的画人绘制花样，经批核后再发送江南织造管辖的三个织绣作坊绣制，绣品极其工整精美。另外，地方性绣派苏、蜀、粤、湘“四大名绣”与京绣、鲁绣形成争奇斗艳的态势。深受人们喜爱、享誉盛名的刺绣名家相继而出，如丁佩、沈寿等。清末民初，张謇记录整理沈寿刺绣工艺实践经验写成《雪宧绣谱》，书分“绣备”、“绣引”、“针法”、“绣要”、“绣品”、“绣德”、“绣节”、“绣通”八章，“针法”章中详细介绍苏绣齐针、抢针、单套针、双套针、扎针、铺针、刻鳞针、肉入针、羼针、接针、绕针、刺针、扐针、施针、旋针、散整针、打子针等十八种针法特点，“绣要”章提出审势、配色、求光、妙用、缜性等法则原理，是对沈寿毕生从事刺绣技艺的技术总结。

从文化角度看，原始刺绣品上的图案纹饰与图腾崇拜有着密切的关系。因此，有学者认为在衣服上刺绣某种花纹，可能是原始部落文身靓面习俗的一种延伸。这一点，我们可以从许多少数民族服饰刺绣图案的各种原始形象中得以证实。劳动妇女以自己对生活的理解，由着自己的审美志趣在织物上绣制出各种纹样，既加固了织物，又装饰美化了生活。同时，刺绣也是一种表达工具和手段，表达人们的心声、传达爱意、述说衷情。

（二）少数民族刺绣

刺绣是一种历史悠久、表现力十分丰富的服饰装饰手段，在少数民族服饰中应用广泛。刺绣通常要参照花样，在织物上运针刺缀，以绣迹构成纹样。少数民族刺绣是观赏与实用并举的手工艺形式，不仅绣品图案精美，具有极高的装饰价值，其反复的绣缀工艺还能够增加衣物的耐劳度。同时少数民族刺绣还承载着厚重的传统文化与民族精神，是中国农耕文化的产物。男耕女织的社会分工，使得少数民族妇女必须精通“女红”，从小就要学习纺纱织布，裁衣刺绣。

刺绣工艺广泛流行于少数民族当中，主要在苗族、彝族、瑶族、白族、纳西族、哈尼族、拉祜族、布朗族、蒙古族、土族、回族等民族中最为常见，多用于妇女服饰的装饰。由于各民族的居住环境、生活习俗、经济生活和文化发展各有差别，各民族刺绣的品种、纹样、针法、色彩也会呈现出不同的特点。

1. 苗族刺绣

苗绣历史悠久，如今贵州台江施洞苗绣中的雉纹、虎纹以及雷山苗绣中的龙纹与出土的商周青铜器上的饕餮纹、零纹、云雷纹颇为相似。

苗绣包含了制作者的思想内涵和感情色彩，是发自内心深处的质朴思想和感情的宣泄。苗族刺绣图案题材丰富多样，形象稚拙古朴、色彩斑斓多姿，并且包含着浓郁的民族特色和丰富的内涵。苗绣主要有三个特点：第一个特点是取材广泛，富有生活情趣。题材包括飞禽走兽、花鸟鱼虫、植物以及河滩的卵石、猪蹄脚印等。图 4-1 为苗族辫绣双鱼求子袖片，表达了苗族人以鱼来祈求多子多福的吉祥寓意。第二个特点是刺绣图案表现出远古图腾崇拜意识，讲述了人类起源的苗家古老传说。例如，众所周知的“蝴蝶妈妈”。第三个特点是艺术表现手法简洁传神，不受自然形象束缚，在造型上大胆地采取变形与夸张的手法。例如，蝴蝶的翅膀长在鸟的身上，动物的眼睛长在背上等。

苗绣主要运用于服装底边、衣袖、臂肩、胸襟、裙腰以及头巾、背带、鞋面等处。苗绣在色彩运用上，不同支系和地区会有所不同。有的地区以蓝绿色调为主，有的地区以红色调为主。在总体色调协调统一的前提下，会运用少量的点缀色、调和色，使得图案既有大块对比，又有巧妙的点缀和调和，体现出淳厚粗犷的民族风格。

在刺绣工艺上，苗绣以夸张、强烈、块面丰满为特点，主要采用的针法有辫绣（图 4-2）、绉绣（图 4-3）、叠绣（图 4-4）、贴绣（图 4-5）、挑花（图 4-7）、缠线绣（图 4-6、图 4-8）、数纱绣（图 4-9、图 4-10）、绞籽绣（图 4-11）、锁边绣（图 4-12）、套绣（图 4-13）、挽线绣（图 4-14）。这些针法需要根据不同纹样来合理使用，通常整套服饰要由多种针法来绣制（图 4-15），体现出苗族妇女的才能与智慧。在绣制效果上，苗绣的“凸绣”颇具特色，凸绣就是在底布上铺上预先按照设计好的形状剪出的剪纸再施线绣制，这样绣出的花纹因包裹了剪纸的厚度而具有明显突出的浮雕效果。凸绣流行于黔东、湖南城步等苗族地区。而苗族支系众多，因此在刺绣中也体现出不同支系的特点（图 4-16 ～图 4-19）。

图 4–1　苗族辫绣双鱼求子袖片

图 4–2　清代雷山苗族辫绣飞龙图纹

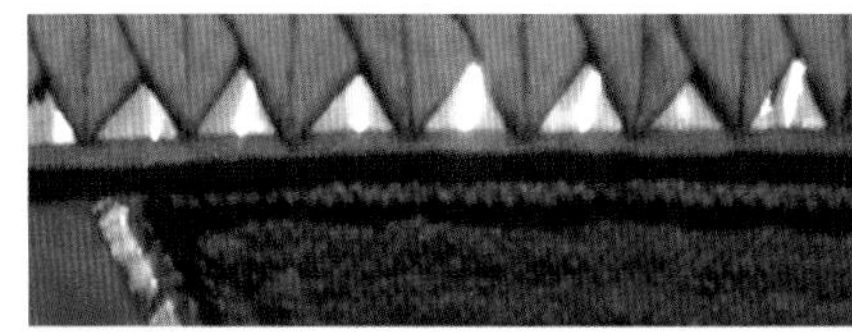
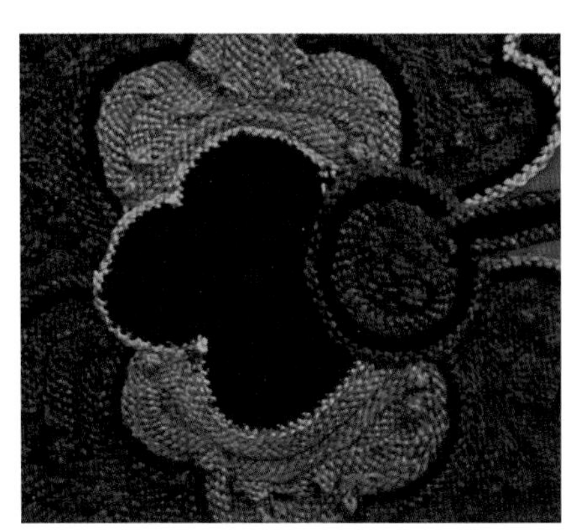

图 4–3　苗族绉绣绣片

图 4–4　贵州台江施洞苗族叠绣上衣局部

图 4–5　苗族贴绣

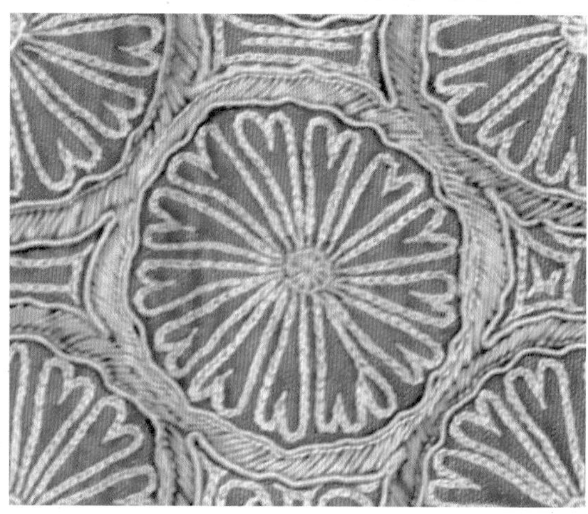

图 4-6　苗族缠线绣背扇局部

图 4-7　苗族挑花衣背局部

图 4-8　苗族缠线绣

图 4-9　苗族数纱绣（一）

图 4–10　苗族数纱绣（二）

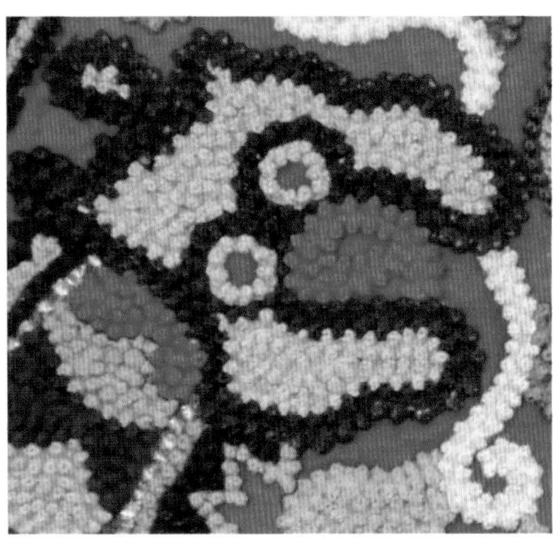

图 4–11　苗族绞籽绣

图 4–12　苗族锁边绣

图 4–13　苗族套绣绣花鞋

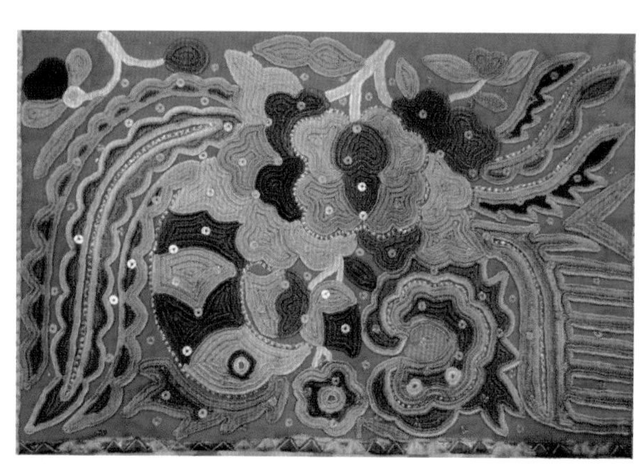

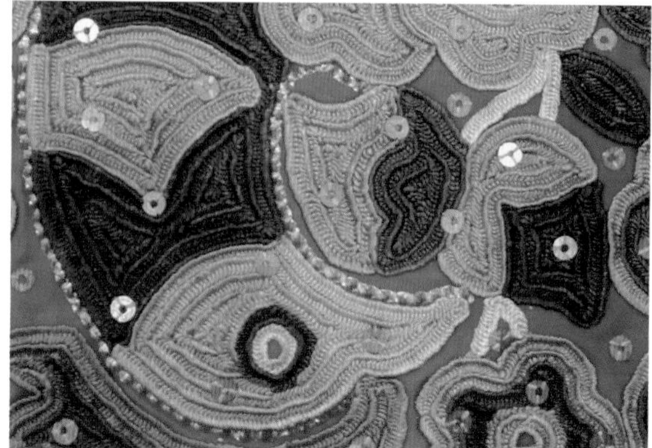

图 4–14　苗族挽线绣

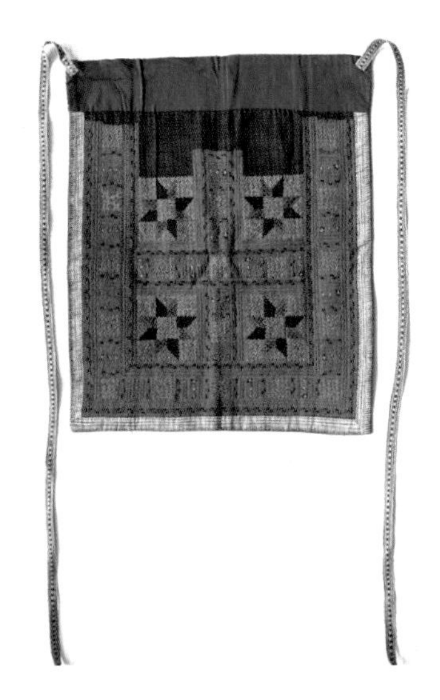

图 4-15　苗族披肩上的多种刺绣针法

图 4-16　贵州僅家刺绣围腰

图 4-17　贵州僅家刺绣袖片展开图

图 4-18　贵州僅家刺绣衣袖

图 4–19　以刺绣和银饰为主要装饰手工艺的西江苗族服饰

2. 彝族刺绣

刺绣在彝语当中叫作“花花古”，主要用于服装、背带、围腰等服饰中，视觉效果十分强烈，表达出彝族人民的思想感情和对美好生活的向往。彝族妇女善绣，在民间有着“不长树的山不算山，不会绣花的女子不算彝家女”的古训。彝族刺绣注重实用性与装饰性相结合，常依所装饰部位的功能来设计图案。例如，装饰在头部、肩部的花纹较为密实，针法重叠以耐磨；腰带仅刺绣顶端两头，不会因为系扎而影响图案的完整性。彝族妇女服饰刺绣装饰的部位在头巾、衣领、衣襟、衣袖、下摆等处。通常，衣襟与衣袖的刺绣针法、图案与领口相呼应。彝族刺绣图案想象丰富，造型奇特，主要有日、月、星纹、火焰纹以及花鸟虫鱼、羊、虎、蝶、树等图案。造型的手法主要有拟形和抽象两种。拟形图案能够清晰地描绘出对象的形象特征，用概括、简练、夸张、变形等方法来表现。抽象图案则以点、线、面等几何因素将自然形象进行抽象、概括和变形，成为规则的几何纹样，给人以强烈的视觉美感。

彝族人尊崇“万物皆有灵”的信仰，在服饰上用刺绣谱写着他们独特的“尚火”的历史。除了敬火外，彝族人还崇拜马樱花，这种自然崇拜是将自然物神灵化的结果，因此服饰当中刺绣的马樱花似乎成为彝族人身份的标志和象征。而对马樱花崇拜的由来却有不同的说法，也产生了许多美丽动人的口头神话传说。口头神话是无文字民族或无文字历史时期，先民以口头语言传承的各种民间传说。这些神话产生于不同时期，与彝族原始信仰相关，并反映和表达了彝族的宗教观念和形式。彝族人相信自己与马樱花有血缘关系，以马樱花为图腾，具有“祛魔辟邪”的特殊含义。

图 4–21　赫章彝族贴花刺绣背扇

彝族刺绣的色彩主要以青色、黑色为底，以黑色居多。在底色上大量地以红、黄、橙、绿、白、紫等色作为配色，其中以红色为主。善用对比强烈的配色，如黑与白、红与绿、蓝与橙、黄与紫等，有时会用中性色调间杂，使服饰色彩更加绚丽多姿。彝族善绣，针法也比较多，常见的有挑花（图 4-20）、贴花（图 4-21）、平绣、钉线绣、辫绣等。平绣一般用于拟形图案中的红花绿草，钉线绣、辫绣常用于点、线

图 4–22　彝族妇女服饰中的刺绣

图 4–20　路南彝族挑花手帕

为主的几何图案，如披风的领圈及下摆处，绣有二方连续的圆圈或吉祥图案。刺绣在彝族传统服饰中占有较重的分量（图 4-22）。

3. 瑶族刺绣

瑶族妇女除了擅长制作“瑶斑布”和就地取材地制作“枫脂染”外，还喜爱制作刺绣服饰。瑶族不仅爱绣，而且其民族文化、宗教信仰和图腾崇拜，决定了刺绣的文化情趣，表现在刺绣图案上就是常用与其图腾崇拜有关的龙犬纹样。例如，广西南丹白裤瑶男子的裤管上，绣有五根红线，代表盘瓠[1]坠崖后，手指在膝上留下的血印；贺州瑶族男子的婚礼长衫上，在后背的正中处绣饰有一处“盘王印”图案；龙胜县红头瑶妇女在衣背上各绣有两枚对称的“狗爪”，称为“盘王爪”，也是对其祖先盘瓠崇拜的象征。还有“乘龙过海”，“盘王升殿”，“郎丘[2]御敌”等，都是瑶族刺绣中有关龙犬图腾的传统经典图案。

贵州省河坝瑶族刺绣以平绣和补绣等针法为主，主要应用在背扇、帽饰、围腰、胸兜、背心等服饰当中（图 4-23 ～图 4-29），常与其具民族特色的枫脂染手工艺相搭配使用。

而在广西的瑶族刺绣中，最为精美别致的就是挑花技艺。挑花为刺绣手工艺的一种绣法，又称“挑织”、“挑绣”、“十字绣花”、“十字挑花”等。瑶族挑花无须事先描绘图案纹样，凭借着制作者的聪明才智和想象力，按照本民族的风俗习惯、审美观念和实用需要，在布的经纬交织处采取十字绣法挑出均匀工整、色彩和谐、寓意淳朴、形象逼真的图案。瑶族妇女不仅能正面挑花，而且还善于在布的反面挑花，即用各种彩色丝线在布的背面起针，挑绣出各种图案纹样。瑶族挑花方法主要有“十字挑”、“长十字针”、“平直长短针”、“斜挑长短针”、“平挑长短针”，即以十字形和一字形为基本单位，由众多最小单位组成匀称美观的图纹，其形状和线条的转折全凭数纱来掌控。由于挑花图案受到针脚的限制，常需要按照布的经纬交织点来施针，因此图案造型具有概括化、抽象化、几何化的特点。挑花的不同排列针法，可以产生不同的装饰效果。例如，在密集的十字针脚中适当空针，可以突显出实地的空花图案；用近似网绣的方法施针，可得到精致细密的视觉效果，且正反两面都是完整、均匀的图案。

瑶族通常在上衣的胸前、背后、衣袖、裙边、腰带、长裤角上用挑花或平绣等针法绣出各种图案，而各地的瑶族刺绣各有差异。例如，隆回县的花瑶挑花图案题材丰富、造型不拘一格，常用被称为“干杯约”（汉语叫花路岩）的纹样，这是模仿生长在岩石上的一种生物菌体的图案，花瑶姑娘将这种预示吉祥的图案作为其挑花的一种基本纹样。湖南江华地区的瑶族妇女，喜欢用平绣的工艺刺绣荷包、枕顶等物，常见的图案有蝶戏牡丹、太极图、古装人物、各类动物等，色彩一般以黑色为底，上面绣红、黄、蓝、白色图案，鲜而不艳。常用的针法有戗针、斜缠针、垫绣等，与当地汉族的民间刺绣有许多相似之处，这正是各民族文化交流的体现。从结构上看，

---

[1] 盘瓠，即盘王。瑶族传说中原为龙犬，后化作人，被瑶族人民奉为始祖。
[2] 郎丘，为瑶语，即头人。

四方连续、二方连续、单独纹样和适合纹样都是瑶族挑花图案常用的组织方式，其中以适合纹样最为普遍。挑花的题材多取自日常生活中的飞禽走兽、花鸟虫鱼、五谷瓜果、山石树木等。也有反映瑶族人民理想的图案，如“太阳花”象征光明，“谷仓花”象征丰收等。瑶族刺绣在色彩运用上厚重斑斓，对比鲜明而协调。

图 4–23　贵州河坝瑶族刺绣

图 4–24　贵州河坝瑶族刺绣童帽

图 4–25　贵州河坝瑶族刺绣围腰

图 4–26　瑶族胸兜上的平绣对鸟纹样

图 4–27　瑶族胸兜上的平绣鸟纹与花草纹

图 4–28　河坝瑶族亮布补绣背扇

(a) 正面

(b) 背面

图 4–29　河坝瑶族平绣童装背心

4. 土族刺绣

土族刺绣伴随着土族族群的形成，经历了长期复杂的历史发展过程。从今日的土族服饰上看，土族人民至今仍旧喜欢在衣服、帽子、腰带、鞋靴以及钱包、烟袋等处刺绣上美丽的图案。

土族刺绣具有粗犷豪放的风格，刺绣图案从内容上可分为三类：第一类是宗教图案，有万字纹、盘长纹、太极图形等。第二类是龙凤图案，土族刺绣龙的造型简洁概括，具有卷草纹样的风格；凤的造型简朴、拙中见巧，常与花卉图案相搭配。第三类是以现实生活中的花草鱼虫、飞禽走兽为题材。土族刺绣将大自然中的月季、荷花、牡丹、石榴以及羊、鹿、狮等都运用到刺绣图案之中，表达出土族人民热爱生活、热爱自然的朴素情感。从刺绣题材看，土族刺绣吸收了许多汉民族的传统内容，如“狮子滚绣球”、“松鹤迎春”、“孔雀戏牡丹”等。

土族刺绣的方法主要有平绣、盘绣（图4-30）、打籽绣、盘扣绣等。平绣，多用来刺绣具象的花草和鸟兽图案，常用多种颜色绣出图案的层次感。打籽绣常用来表现花心，也常将一颗颗的籽均匀地排列成平面用来装饰图案。土族刺绣中最具特色的是盘扣绣，需要正反两面盘扣，且将大小不同的海螺钉在底料上，常用来表现几何抽象图案。本不产海螺的西北土族喜欢将海螺盘绣在衣服上，是与其信仰喇嘛教有关。盘绣是土族妇女较为独特的一种针法，其操作方法为一针两线，一根线盘，一根线钉，无论绣法还是色彩运用、图案构思均表现出特有的艺术创造力和魅力。青海都兰古墓中出土的土族先民吐谷浑人的绣片，其绣法和现今的土族盘绣完全一样，印证了土族盘绣悠远的历史。土族妇女盘绣时不用绷架，左手拿布，右手拿着穿好缝线的针，盘线挂在右胸衣服上。施针时将盘线盘在针上，当针抽上来后，用左手大拇指压住线，再用右手的针来缝压。上针盘，下针缝，2mm大小的圈线就均匀地被排列在缝线上。这种针法绣出的服饰虽然费工费时，但是耐磨保暖，且纹饰整齐美观，极富装饰性，符合高寒地区游牧生活的需要。

图4-30　土族盘绣褡裢局部

5. 蒙古族刺绣

刺绣，蒙古语称作“嗒塔戈玛拉”。蒙古族民间有一首关于刺绣的“荷包歌”，这样唱道：“八岁的姑娘呀绣呀绣到一十六岁，像是班禅援给僧人的荷包。……九岁的姑娘呀绣呀绣到一十八岁，九条金龙呀转动着眼睛的荷包……十几岁的姑娘呀绣呀绣到二十整，十只孔雀呀衔着的荷包。”

蒙古族民间刺绣在服饰中的应用范围十分广泛（图 4-31），如帽子、领口、衣襟、袖口、开衩、鞋靴、耳套、荷包等都常以刺绣手法作为装饰。图案主要有盘长纹、云纹、回纹、万字纹、犄纹、鸟兽纹、蝴蝶纹、龙凤纹、花草纹、寿字纹以及各种几何纹等。从所用的面料看，蒙古族不但在柔软的面料上刺绣，而且还会用驼绒线、牛筋等在羊毛毡、皮靴等较硬的面料上刺绣。蒙古族的服饰刺绣艺术受到汉族文化的影响，形成“有图必有意，有意必吉祥”的特征。例如，盘长与卷草纹等不同图案的结合，象征吉祥、团结和祝福；犄纹，代表五畜兴旺；回纹，象征坚强；卍字纹，寓意太阳的转动和四季如意；云纹，代表吉祥如意等。

蒙古族刺绣根据具体的制作方法和材料特点，大致可分为绣花、点绣、混合绣等几种。绣花一般是用绸布或大绒做底，图案有各种花卉纹、几何纹、卷草纹以及蝶、鱼、鸟等动物图案。色彩多用对比色，层次丰富，厚重绚丽，富有装饰性。点绣，是用大小相等的点，缝制成各种图案。通常在男靴上均匀地点缝各种各样的花卉和几何图案，如常见的万字纹，给人一种朴素庄重的感觉。混合绣是在刺绣中将几种装饰手法混合搭配使用，例如，贴花与刺绣结合，能够各自取长补短，获得良好的效果。

图 4-31　青海海西蒙古族对襟束腰罗纹女服上的刺绣图案

6. 黎族刺绣

黎族刺绣与黎锦齐名，黎族妇女服饰的主要特点是善绣和“黎桶”[1]。黎绣多采用自织自染的棉、麻布绣制，颜色常为深蓝或黑色，有时也用白色布料绣制对比鲜明的绣品。由于历代妇女不断采用各种锦缎，因此汉族的织绣文化对黎绣起到了潜移默化的作用。

黎族刺绣运用的针法有直针、扭针、珠针、切针、铺针、戳纱和十字挑花。黎族妇女喜欢织花后再加绣，在黎族中又称为“织花绣”，即在织好的布上绣出图案。织花绣分夹牵和织地绣两种：夹牵是在织锦或绣好的绣片上，用拉锁针、珠绣等针法沿花纹边缘刺绣，使图案轮廓更清晰，形象更鲜明；织地绣是在织好的条纹或格子布上加绣图案。黎族妇女还擅长双面绣，即在一块底料上，以针引线，用直针和扭针绣出正反两面完全相同的花纹图案，这种绣法需要在运针时始终与织物垂直，排针疏密对称有度，线头和线尾完全藏没，不露痕迹，实属刺绣中的精品（图 4-32）。

黎绣的图案大多为几何形对称组合与连续形式，如折线式和方、角、犬牙等形，图案的组织形式有单独纹样、二方连续和四方连续。黎族妇女要遵循部族祖宗成规来绘制出嫁前的文身和织绣衣裙的图案。如以龙、狗、蛙、鸟或其他动植物等作为纹样，作为不同氏族图腾标志的延续。不同地区和分支的黎族，装饰部位、绣法、色彩各有不同的特点。例如，白沙地区服饰绣花的部位，除袖口、领口、下摆外，还在两侧腋下刺绣图案。内容多为人物及

图 4–32　海南黎族双面绣衣襟局部

[1] “黎桶”，绣花以饰者，则名“绣花桶”。

龙凤、屋宇、花草树木、鸟兽鱼虫以及各式几何纹样等。表达了黎族人盼望支系繁衍、氏族兴旺，祈求平安幸福的愿望。色彩以玫红色为主调，兼以浅黄色和粉红色彩点，再勾以黑边，显得和谐悦目。特别是空出的白底和得当的疏密安排，使得主花格外清晰，层次分明。而琼东南地区服饰在其背后绣花，图案的上半部是象征部族图腾标志的树花，树的中下部为根，外形为祖先纹，两边是祭祖的神台，下面一排是龙纹，代表庇佑之意，整个图案预示着根深叶茂，繁衍生息之意，表达出强烈的宗族观念。配色以大红为主调，以玫红、粉红、黄绿、白点缀，以浅黄勾边，有时会镶嵌上云母片，宛如金银镶嵌，颇为热闹喜庆。在这类的绣品当中会有双面绣祖庙纹样的衣饰片，以纱为底绣菱形、长方形以及类似鸟、文字等图案。

7. 羌族刺绣

羌绣是羌族传统的民间手工艺，在四川民间刺绣工艺中有“南彝北羌”之说。羌族妇女喜欢在衣袖、下摆处装饰刺绣边饰，在衣领上加梅花颈饰。腰系绣花围裙，脚穿前翘的绣花鞋，还佩戴绣花飘带、手帕等。羌族绣品以花围腰和云云鞋最为著名。在喜庆或赶集的日子里，羌族妇女纷纷佩戴自己亲手绣制的头帕，穿着绣有“龙凤呈祥”、“鱼水和谐”的服饰，腰间围着挑绣有几何图案的围裙，脚踏绣有花卉纹样的勾尖花鞋，表达出人们对自然的热爱和对美好生活的向往与追求（图4-33、图4-34）。

平绣和挑绣是羌族刺绣的主要工艺。羌族妇女对此都很擅长，她们刺绣时无需图稿，信手用五彩缤纷的丝线与黑白棉线，就可以在素色底布上绣制各种精致的图案。刺绣图案有人物、动物、植物、风景等，尤其以变形的蝴蝶、喜鹊、牡丹、瓜类等最为常见。挑花通常用几何图案，题材十分广泛且多为自然景物，有变形的桃子、佛手、喜鹊以及“五谷丰登”、“鱼水和谐”、“瓜瓞绵绵”等吉祥图案，绣制在手帕、腰带、下摆、衣袖、围裙、鞋袜上，无论是团花、角花或是花边，纹样皆富于变化，讲究对称、疏密有致，色彩明快，装饰性强，与图案形象相融为一体，精美而富有特色。

（三）常用刺绣工艺

我国民族众多，各少数民族在刺绣纹样、色彩、针法等方面都具有浓郁的民族特色和独特的艺术风格。少数民族刺绣一般都是自画自绣，或是用民间剪纸作为刺绣图案，作为美化服饰之用。在服饰上，刺绣的部位主要集中在领口、衣襟边缘、袖口以及肚兜、腰带、帽子、靴子等服饰中。

1. 锁绣

锁绣是最古老的针法之一，也称之为“辫子股”、“套圈绣”、“套花”、“拉花”、“链环针”等，是我国自商代至汉代的一种主要刺绣针法。长沙马王堆一号汉墓出土衣物中的朵朵云纹就是用锁绣针法绣制而成的；河南安阳殷墟妇好墓出土的铜觯上有菱形绣残迹，其绣亦为锁绣针法；湖北马山一号楚墓出土的

图 4–33　羌族刺绣服饰及荷包

21 件绣品，有对凤、对龙纹绣、飞凤纹绣、龙凤虎纹绣禅衣等，也均为锁绣针法。锁绣的起针在纹样根端，而在起针旁边落针，落针时将绣线兜挽成套圈状，第二针起针即从套圈中间插针，两针之间约半市分（1.5mm），并将前一个套圈扯紧（图 4-35）。如此反复，即形成锁链状盘曲相套的纹饰，轮廓清晰明确，如行云流水，曲直分明，坚固耐磨。锁绣在织物上形成线状图形，较为结实，适合刺绣曲线或复杂图案的边缘勾勒，也可以通过紧凑的绣纹来形成密集的块面填花。锁绣针法在少数民族刺绣中保持最为完好，在苗族、侗族、羌族中可以看到锁绣的作品（图 4-36 ～图 4-38）。

图 4–34　羌族刺绣“云云鞋”

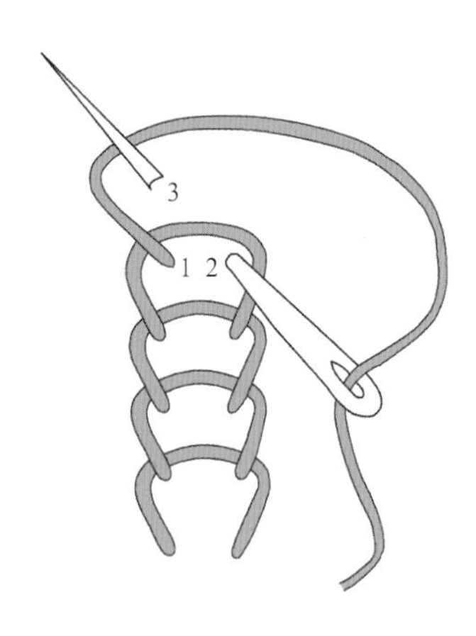

图 4–35　锁绣工艺示意图

图 4–36　苗族锁绣龙纹

图 4–37　苗族锁绣龙纹局部

图 4–38　织金苗族锁绣背扇及局部

2. 平绣

平绣又称“铺绒绣”、“细绣”，是以平针为基础的绣法（图 4-39）。具有绣面平整、针法丰富、线迹精细、色彩鲜明的特点。平绣是较为基础性的针法，也是最古老的针法之一，湖南省长沙马王堆一号汉墓出土的绣品中就出现了山岳云气纹的平绣针法。

平绣包括齐针、搀针、抢针、套针、接针、旋针、擞和针等多种针法。齐针也叫缠针，起落针都在纹样的外缘，线条排列疏密得当，不能重叠、露底（图 4-40、图 4-41）。边缘力求齐整、插针要齐而密。搀针又名为掺针，俗称“乱插针”，搀针体系又细分为多种，如接搀针、拗搀针和直搀针等（图 4-42）。搀针的每一层都是一样长的针脚，针与针紧密靠着，另一层接在头一层的针脚上，运针时一般为从内向外。抢针，是用齐针“分皮”[1]衔接，以后针继前针刺绣而成。每一“皮头”[2]，针迹整齐、层次清晰，富有装饰性。按照绣制程序和不同的表现效果，可分正抢、反抢、叠抢三种。套针，始于唐代，盛于宋代，至明清时期流传甚广，是一种鳞次相覆、犬牙相错效果的针法，可分平套、集套、散套三种。接针，用短针前后衔接连绞进行绣制，后针衔接前针的末尾，连成条形，适宜绣制文字、孔雀羽毛和鸳鸯头部羽毛，也可作缠针的辅助针法。旋针，为续插针的一种。是以长短不同的续针混合使用，按物像形体旋转而绣的一种针法，一般多使用于内窄外宽的物像。擞和针又名“长短针”、“羼针”，长短针参差互用，后针从前针的中间羼出，边口不齐，线条平铺，较平薄，针迹显露，多用来绣制仿真形象。

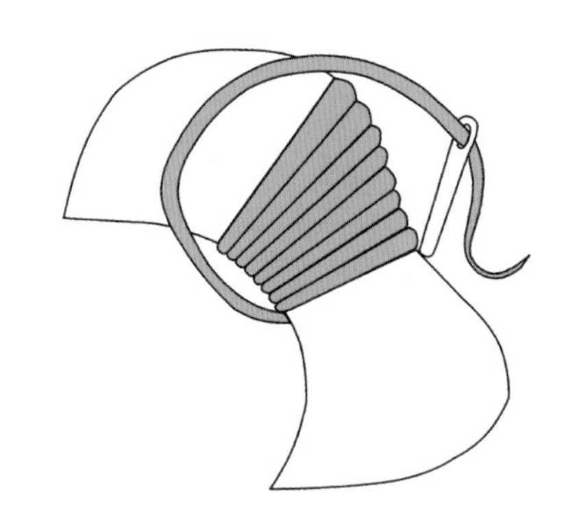

图 4-39 平绣工艺示意图

图 4-40 苗族平绣背包局部

[1] 刺绣术语。在刺绣时，分几批次绣制，称为“分皮”。
[2] 每个刺绣小单位中分批绣制的层次，术语称“皮头”。

图 4–41　苗族平绣背包

图 4–42　清代施洞苗族平绣绣片

少数民族刺绣中运用平绣较多，其中苗族破线绣工艺讲究，绣品华贵精美、光滑细腻，但却颇为耗时，属苗绣中的精品。绣制时，首先要将刺绣图案制成剪纸（图 4-43），并将剪纸贴在底布上，然后准备破线。破线是将一根普通丝线用手工均分成8或16股（图4-44），分好的线穿上针，线随针穿过夹着皂角液的皂角叶子，使得绣线平顺、挺括、有光泽，待干后再用平绣的针法，沿图案绣制。台江县施洞苗族的破线绣较为突出，遍及服饰的各个部位，绣一件绣衣需要几年的时间，又称为施洞型。由于贵州苗族的破线绣是以剪纸作为底样的一种平绣针法，因而绣出的纹样有一定的弧度，呈现出微微的浮雕状（图 4-45 ～图 4-53）。除了苗族常用平绣针法外，彝族、白族、侗族、蒙古族等民族也用平绣来装饰服装。图 4-54、图 4-55 为侗族鞋垫上的龙纹、凤纹平绣，不仅起到了装饰作用也是人们交流情感的媒介。

图 4–43　破线绣剪纸花样

图 4–44　破线绣绣线

图 4-45　苗族平绣人、动物图案

图 4-46　施洞苗族破线绣（一）

图 4-47　施洞苗族破线绣（二）

图 4-48　施洞苗族破线绣（三）

图 4-49　施洞苗族破线绣（四）

图 4-50　台江施洞苗族破线绣袖片

图 4-51　凯里苗族平绣绣片

图 4-52　台江施洞苗族破线绣动植物复合体纹袖片

图 4-53　清代雷山西江破线绣蝶纹袖片及局部

图 4-54　侗族平绣龙纹鞋垫

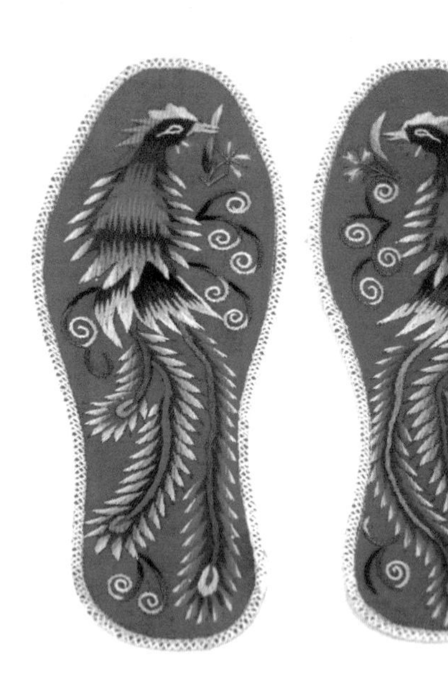

图 4-55　侗族平绣凤纹鞋垫

3. 包梗绣

包梗绣又称“钉线绣”、“盘线绣”。包梗绣通常以一根线作梗，盘曲成花纹，另一根线通过绣针的穿引，从梗线的一侧抽针，而从另一侧刺针，将梗线压落固定（图 4-56）。针脚可以是直线排列或花式排列。梗线和压线

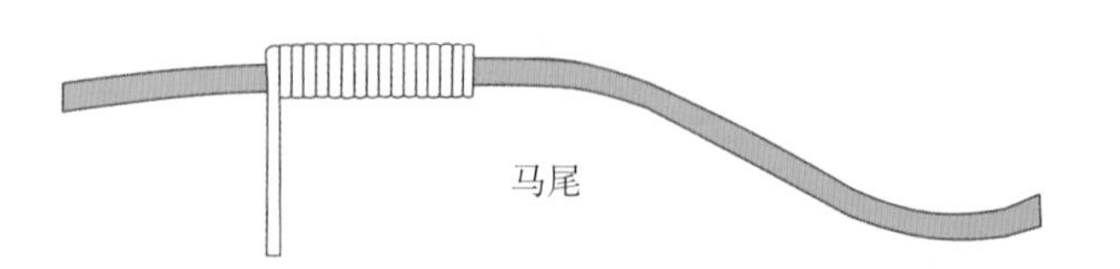

图 4-56　包梗绣（马尾绣）工艺示意图

可以材质相同，也可以选择不同的材质。包梗绣有明包梗和暗包梗，前者针迹暴露在线梗上，后者的针迹则隐匿于线梗之中。云南少数民族常用明包梗盘绕图案，将线梗按照图案摆好，用缠针将线芯包绣其中，图案线条突出，极富立体感。

侗族的缠绣针法，是将细的布条搓捻成条再缝合成较硬的梗线作为内芯，外面用打结法缠上丝线，盘出图案（图4-57 ～图4-61）。如果用金、银线做梗组成花纹，俗称“钉金”或“平金”，若以金、银线盘结成花纹则称“盘金绣”或“盘金银”。水族刺绣中著名的马尾绣即是包梗绣的一种，是具有民族特色的绣品，其主花是用马尾为芯，外缠白色线后再钉在图案的外轮廓，呈现出浮雕感，一般多用在背孩子的背扇中，与水族人爱马、养马、赛马的习俗有关。水族人以马尾作为线梗是因其质地较硬，图案不易变形，且马尾不易变质，经久耐用，马尾上特有的物质成分使外围的丝线更具光泽（图4-62 ～图4-64）。

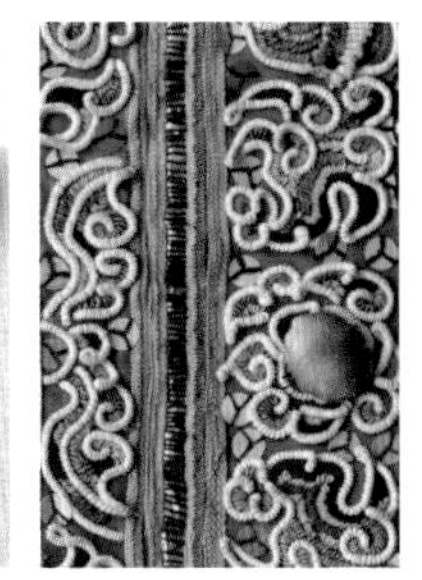

图 4–57　侗族缠绣袖口及局部

图 4–58　侗族缠绣绣花鞋及局部

图 4–59　侗族缠绣背带及局部

图 4–60　侗族缠绣围腰及局部

图 4–61　侗族缠绣童帽及局部

图 4–62　水族马尾绣背扇局部

图 4–63　贵州水族马尾绣三蝶纹背扇局部

图 4–64　水族马尾绣绣片

图 4–65　织金苗族马尾绣局部

除了水族外，贵州织金县的苗族也擅长马尾绣，图 4-65 为织金小妥倮村“歪梳苗”的马尾绣背扇。贵州苗族除了缠绣马尾以外，与侗族一样也擅长缠绣，图 4-66 为正在制作中的苗族盘线绣，黄线为梗，红线则为绣线。此图中苗族妇女在刺绣的底部用亮布打稿，将绣线绣制在亮布之上，这样绣好的成品能透出亮布的重色，使得绣品更具层次感。如图 4-67 所示，清晰地展示出苗族缠绣针法正面、背面及局部工艺的细节。

图 4–66　正在制作中的苗族盘线绣

(a) 正面

(b) 背面

(c) 局部

图 4–67　苗族缠线绣正面、背面及局部

4. 打籽绣

打籽绣也称“结子”、“打疙瘩”、“环籽绣”等，北京市丰台区大葆台汉墓曾出土的绢绣残片上的针法就有打籽绣，蒙古诺因乌拉墓出土的东汉绣品中也有打籽绣针法。打籽绣由“锁绣”发展而来，是由上而下抽针后，将针穿出绣面，以针孔所牵带的绣线绕针尖数圈，并在抽针点附近刺下绣针，扯紧绣线，绣线压住环套，形成突出的粒状，故名“打籽”（图 4-68）。

打籽绣可以单独使用成点状，如绣制花心、眼睛等，也可以成片使用成线或形成深浅变化的面，犹如一粒粒珍珠般璀璨动人，立体感强，极富装饰性。打籽绣的绣面立体而厚实，耐磨性强，少数民族妇女多将其用于背扇、腰带、鞋面等处。图 4-69 为正在制作中的苗族打籽绣绣片，可以看出苗族妇女喜欢用剪纸打底，将绣线覆盖在剪纸上面。图 4-70、图 4-71 为苗族打籽绣绣片。

时下，时装设计师也将这一传统服饰手工艺加以创新，图 4-72 为著名时装设计师乔治·阿玛尼（Giorgio Armani）以打籽绣为设计元素设计的时装。

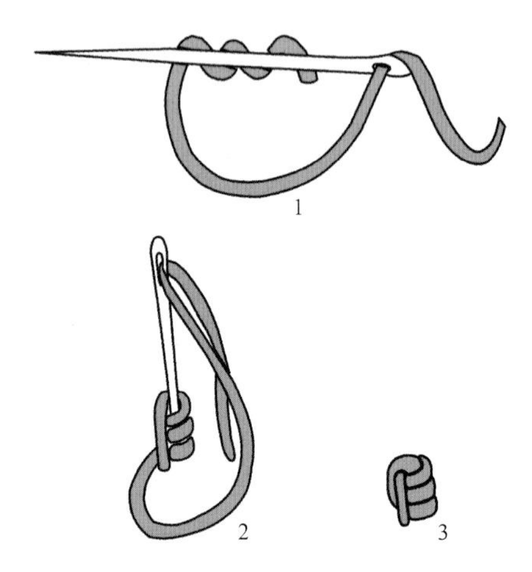

图 4–68　打籽绣工艺示意图

(a) 正面

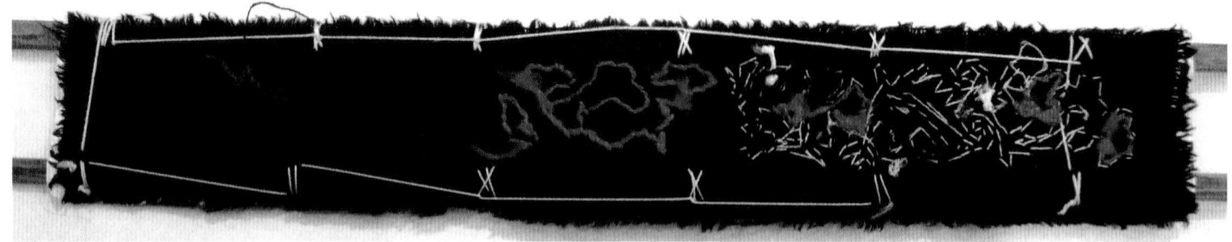

(b) 背面

(c) 局部

图 4–69　正在制作中的苗族打籽绣绣片

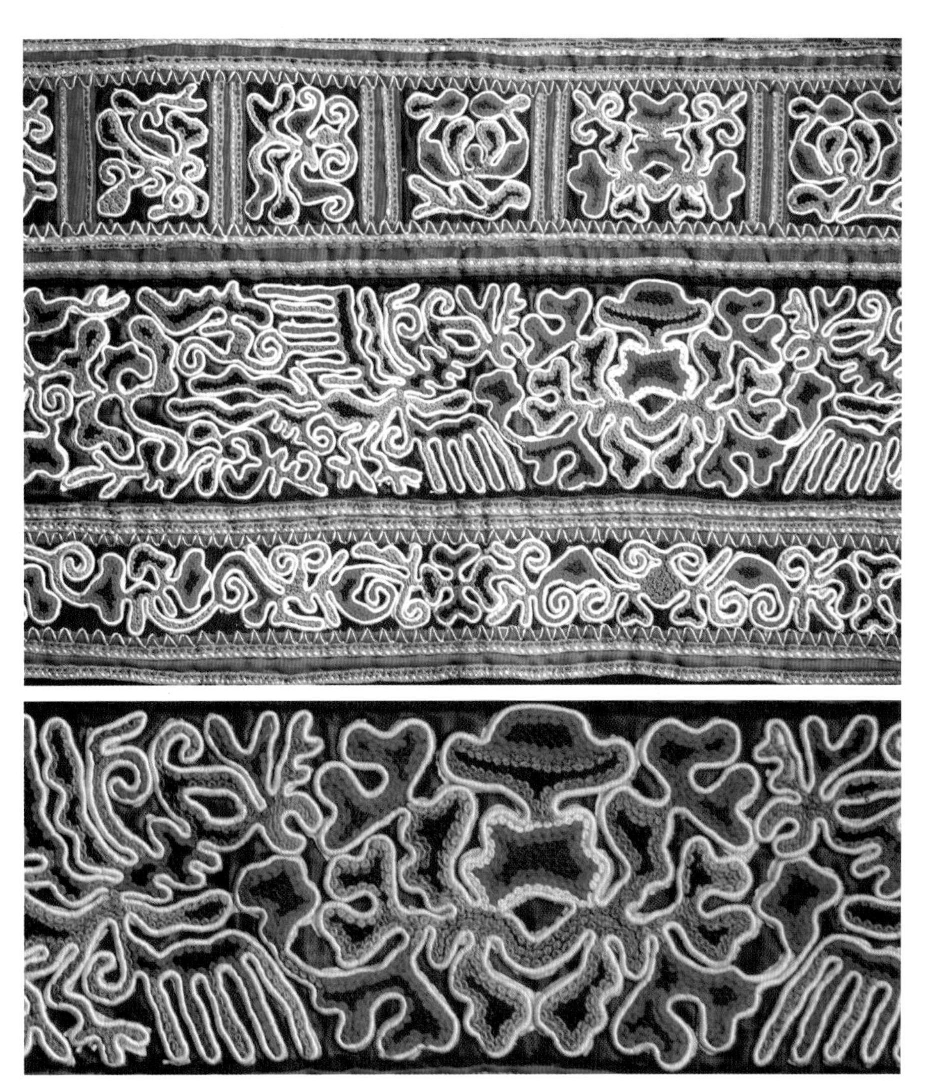

图 4–70　苗族打籽绣凤纹袖片局部

图 4–71　苗族打籽绣绣片

图 4–72　乔治·阿玛尼的苗族打籽绣服饰元素设计作品及局部

5. 堆花（叠绣）

堆花是一种将拼贴和刺绣相结合的制作工艺，又称作"叠绣"。其做法是：先用浆过皂角水的彩色绫子剪成正方形，把两个角向内折，使之成为带尾的方形，然后按照图案需要将这些色彩各异的三角形，依照构思有序地、一层压一层地堆钉成各种图案（图 4-73）。这种工艺造型夸张，色彩斑斓，层层堆积出搭配自由、随意的色彩，似鱼鳞一般，更犹如绘画艺术当中的点彩派。百余年前，在贵州台江、凯里、雷山地区的苗族，用此法制作盛装的衣袖及主花旁边的装饰图案，需要与满身的银饰相搭配。后因制作工艺十分费工费时费料，现在已经被其他针法替代。但在上述地区妇女盛装的领花、袖片的装饰中，各种彩色的、金银色的小三角形组成的花边仍在使用（图 4-74 ～图 4-79）。

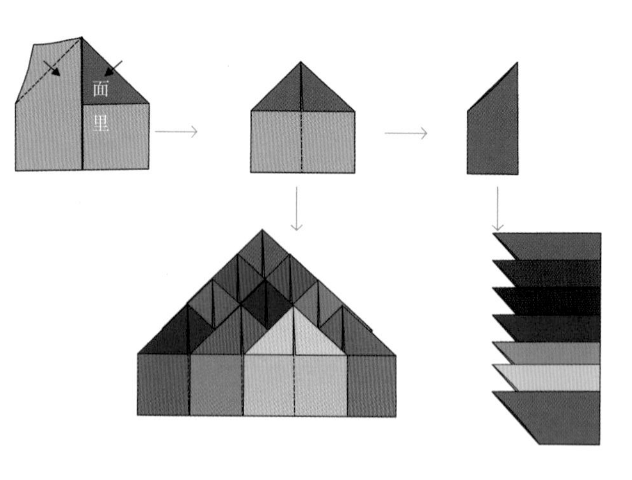

图 4–73　堆花工艺示意图

(a) 正面

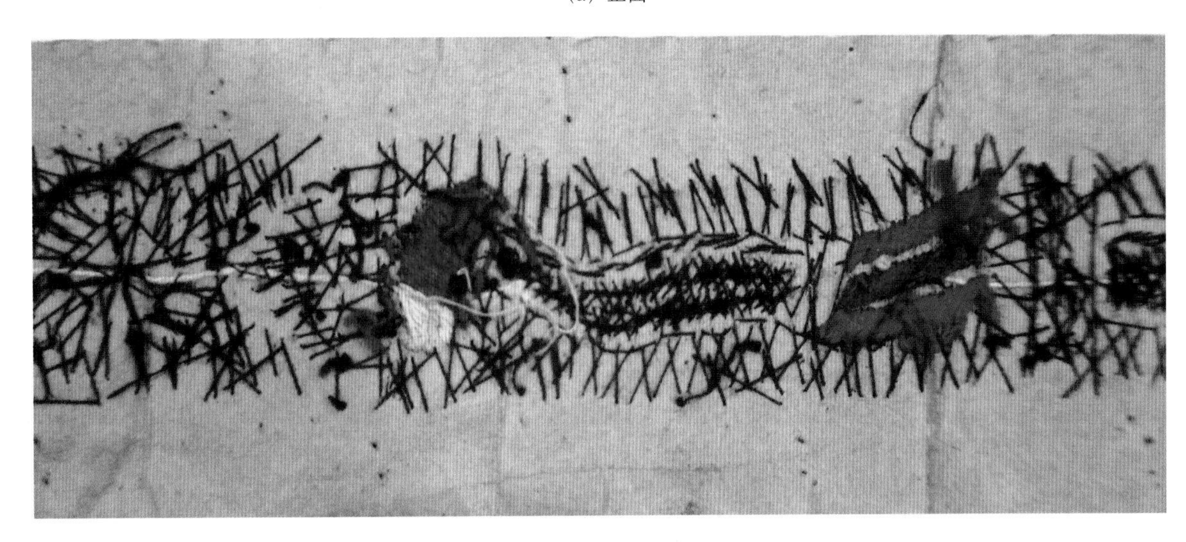

(b) 背面

图 4–74　苗族叠绣鱼纹

图 4–75　台江施洞苗族叠绣上衣后领局部

图 4–76　苗族堆花双身一头鱼纹

图 4–77　苗族叠绣局部

图 4–78　苗族叠绣背扇局部

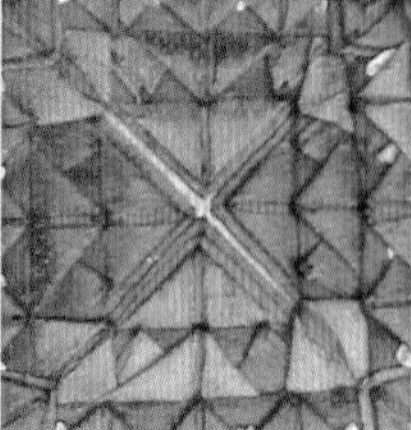

堆花

打籽绣

图 4–79　苗族叠绣背扇局部

6. 挑花

挑花是我国优秀的民族传统手工艺，具有悠久的历史，古时候称“戳纱绣”、“纳纱绣”，盛行于清代嘉庆年间。陕西咸阳秦六国宫殿遗址出土的绣品中就有挑花的绣品。其方法是：以素纱罗为面料，按照织物经纬纹格有规律地进行刺绣，绣线需要平行于经线或纬线，线迹的长短有“串二”、“串三”等变化。由于用彩线在面料上数纱绣平针，具有织花彩锦的质地美，因此又称“纳锦”。挑花色调明丽、饱满，装饰性强，在少数民族服饰中十分常见。

挑花民间又称“穿纱”、“架纱”。作为一种绣花的针法，具有朴实、秀美、耐用的特点（图 4-80），有十字挑和平挑两种针法，但都需要严格依照纱眼数好针数进行挑刺。如十字挑花，即在平布上面依照纱眼用绣花线逐眼扣上十字形，组成各种花纹。挑花一般不先起样，仅凭构思在布面上数纱挑刺，正看反挑，将许多图案用几何图形表现出来，图案对称、抽象。图 4-81 ～图 4-84 为苗族挑花绣片，图案以较为规整的几何形为主体。

挑花图案各民族不尽相同。而苗族则多用几何纹、动植物纹、回纹、菱形纹、水波纹等纹样，常用作成人衣袖、儿童衣及背扇等装饰（图 4-85 ～图 4-88）。苗族挑花（数挑花）精巧细致，既有织锦的规整与严谨，又比织锦灵活多变，是苗绣中应用较为广泛的一种绣法。苗族挑花以针脚细密均匀，图案布局对称，色彩和谐美观为上品。苗女绣制数纱绣时一般没有图样，创作空间很大，因数纱数的不同，所以也没有完全相同的数纱绣片（图 4-89 ～图 4-93）。苗族数纱绣的底布一般为经纬线非常明显的自织土布，根据土织布上的经纬线，按照一定的纱数，沿横向、纵向或斜向规则重复运针，绣制出具有几何对称感的图案。这种绣法是从底布的反面运针，即“反面绣，正面看”，虽然是从反面绣，但是拉线的角度通过这样的运针方式变得更合理，从而使正面的线迹更好看。

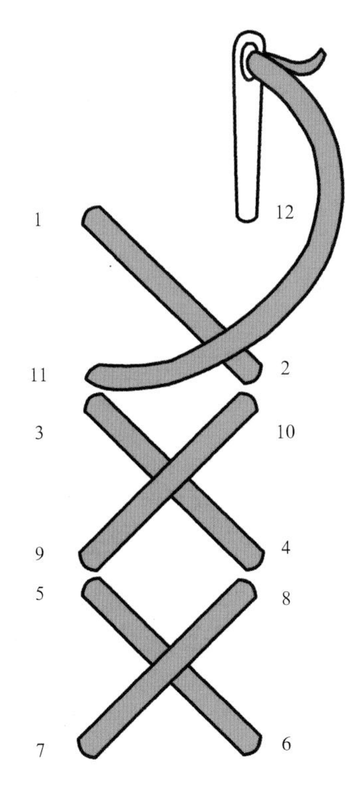

图 4–80　挑花工艺示意图

图 4–81　民国花溪苗族挑花绣片

图 4–82　贵州花溪苗族挑花围腰

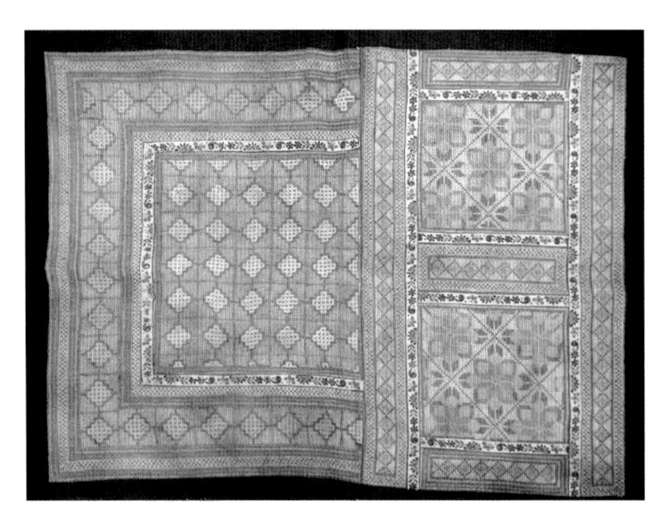

图 4–83　苗族挑花背扇

图 4–84　苗族挑花块图案背扇

图 4–85　台江苗族挑花人物纹背扇

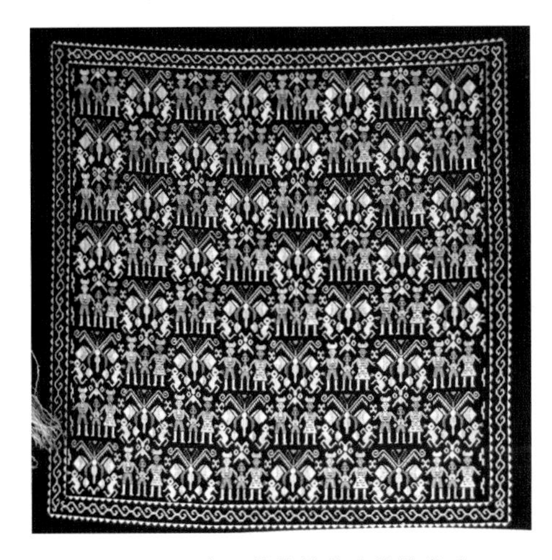

图 4–86　台江苗族挑花人物纹背扇

图 4–87　三穗苗族挑花绣片

图 4–88　三穗苗族挑花鞋垫

图 4–89　苗族数纱绣袖片

图 4–90　苗族数纱绣袖片

图 4–91　20 世纪 60 年代凯里苗族数纱绣绣片

图 4-92　雷山苗族超短裙式盛装中数纱绣的几何图纹

图 4-93　苗族数纱绣童背心

彝族的挑花图案有人物、动物、花鸟鱼虫、林木房舍等，图案十分精巧细致（图 4-94）。纳西族喜欢挑角花和团花图案。侗族喜欢制作挑花鞋垫作为定情之物（图 4-95、图 4-96）。而瑶族喜欢在黑色裤子上挑各种对比强烈的图案，题材多为谷仓、柿子、羊角、团花、鸟、蝴蝶、大小树等花纹，表现对瓜果满园、五谷丰登的期盼，图案结构多用几何形二方连续排列，工整严谨，主次分明（图 4-97）。图 4-98 为时装设计师以挑花工艺为元素设计的时装作品，在红色的底布上以粗线绳为线，挑制出图案作为装饰，将传统工艺进行了时尚再造。

图 4-94　邻近色搭配的彝族挑花图案

图 4-95　侗族挑花鞋垫

图 4-96　侗族挑花鞋垫

图 4-97　瑶族挑花局部

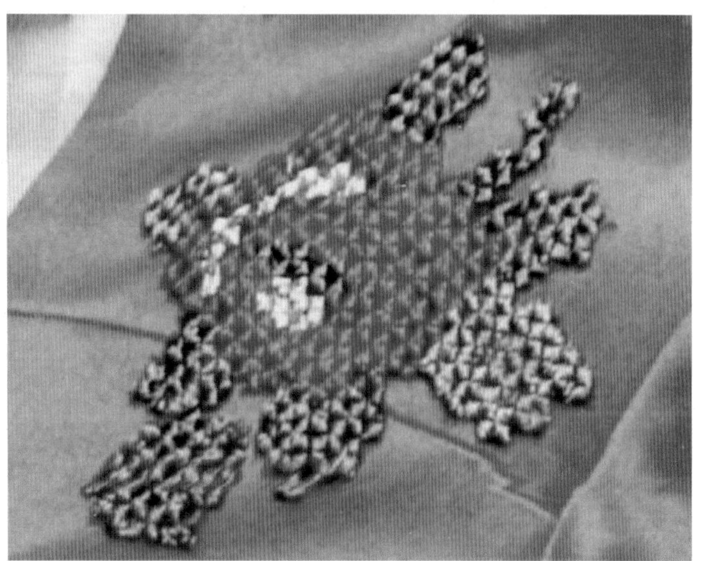

图 4-98　托尼·瓦德（Tony Ward）以挑花工艺为元素的时装设计

除此之外，在少数民族服饰中还会应用很多刺绣针法。例如，苗族妇女擅长绉绣。绉绣制作的前期工序与辫绣基本相同。首先将要绣制的图案剪成剪纸纹样贴在底布上，然后用手工辫带（一般是用8根、9根或12根彩线辫成宽0.3厘米左右的带子）按照图案的轮廓，由外向内地将辫带褶皱成一个个小褶皱后，用单线在每一小褶皱处钉一针，将辫带堆钉在剪纸图案上，直至将图案铺满为止。苗族妇女通常将绉绣装饰在衣领、衣袖、衣角、背带等处，富于立体感，装饰效果强烈。而云南元阳县胜村乡、嘎娘乡等地的哈尼族喜欢在女子脚套的边缘绣饰一种称作“梨花”的编绣针法。这种针法又称作“纹针绣”、“花针绣”，是在布料上以横线、竖线、斜线搭成几何形，再用交叉的长针铺成纱罗状骨架组织，最后以彩色绣线来回穿插绣制而成。通常，纱罗状骨架组织为三角形、六角形、八角形等。20世纪70年代以后，云南元阳县胜村乡彝族女子腰带头的做法，是用白色毛线缝绣的“线结绣”替代传统的银泡装饰。“线结绣”有点状和线状两种，线状也被称为“穿珠绣”，可以盘绕出各种花纹。

值得一提的是，许多少数民族并非单纯地使用某一种刺绣针法，而是喜欢将多种刺绣针法结合使用，图4-99为贵州苗族挑花、平绣和盘绣相结合的衣背后片局部。图4-100为贵州苗族花蝶图案围腰，采用了蜡染与刺绣（平绣）相结合的装饰手法。另外，从刺绣服饰的制作环节方面看，我国许多少数民族服饰的刺绣多是先分片在坯布上刺绣成小块，绣好后再缝缀到服装上。这种做“加法”的设计思路使得少数民族的服饰更富有繁复的装饰性，同时这种打散再组合的设计思路值得现代服装设计师借鉴，可以考虑将这种设计思路引入现代时尚的服装设计中。

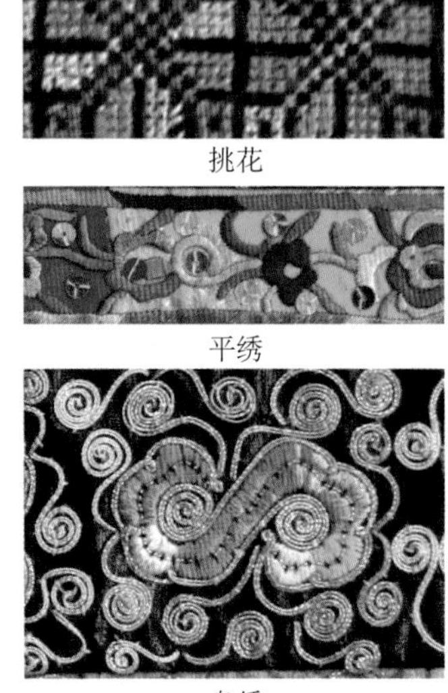

图4-99　苗族挑花、平绣、盘绣衣后片局部

图 4-100　苗族蜡染刺绣围腰

二、贴补和拼布

（一）贴补

贴补是将一定面积的材料剪成图案形象附着在衣物上。浮雕感是贴补的主要特点，由于选用的剪贴材料不同，作品的立体感也有差异。其方法简单，造型丰满，色彩明快，同时具有很强的观赏性，少数民族服饰装饰中常见此工艺，可与刺绣配合，相映成趣；亦可单独应用，别具风貌。

贴补通常选用各色布料剪成所需图样，通过锁边针法拼连即成单独的装饰品。贴补的工艺过程是：先按照纹样将布料剪成各种形状的花片，然后将花片粘贴（或用疏针固定）在底布上构成图案，接下来将花片的毛边用针拨窝进去使花片的边角整齐，再将花片四周用锁针锁满，最后洗熨即可。这种手工艺与以绣线线迹为主的刺绣手工艺相比，虽然制作工序更为复杂，但的确更容易呈现出强烈的视觉和肌理效果。

贴补是颇具民族特色的传统民间手工艺，是在我国古代“堆绫”、“贴绢”工艺基础上发展起来的一种服饰手工艺。“堆绫”是用绫或其他丝织品剪成各种形状，通过堆、叠，组合成多层次的花卉、人物等图案的手工艺。有时会在图案下衬有小片织物，使得成品表面呈现高低有序的凸起效果，好似布料制作的浅浮雕。“贴绢”是将单层的绢丝织物剪成图案后平贴，有的还加以缝边。我国“堆绫”、“贴绢”有着悠久的历史，因其制品价格昂贵，所以主要用于历代宫廷贵族的服装装饰中。最早可见的贴补花是长沙马王堆一号汉墓出土的羽毛贴花绢，是用未经染色处理的棕色、黄色、蓝色这三种颜色的翡翠鸟绒羽结合素绢织物制成。除此之外，羽毛贴花绢还运用了烟色和棕黄色的素绢[1]以及混色的“千金绦”带，其中烟色素绢做贴花绢的衬底，棕黄色素绢用来镶边和剪刻柿蒂、云形图案。“千金绦”带编织工艺颇为复杂，是在仅 0.9 厘米宽的带幅内分成错落有致的三行，利用双层组织结构原理编织出雷纹、篆文“千金”以及明暗波折的纹样，被用作贴花绢的外围镶边。

民国以前，贴补技艺一直流传在社会的上流家庭，制作贴补制品是宫廷、贵族、官宦家庭中大家闺秀的爱好，如同琴、棋、书、画一样是修身养性、寄托情感的一种形式。

少数民族妇女们发扬了这一手工艺，她们在服饰中贴补各式各样的图案。苗族除了善绣，也喜欢用贴补手工艺来装饰自己的服饰（图 4-101 ～图 4-105）。

图 4–101　苗族贴补

图 4–102　雷山苗族长裙式带裙中的贴补和平绣龙鸟鱼猫图纹

[1] 素绢是一种双丝细绢，均为平纹组织。

图 4–103　苗族男子贴补披肩局部

图 4–104　黔西苗族贴补绣女服局部

图 4–105　丹寨苗族贴补古衣

蒙古族擅长将各式各样的布料剪成图案，贴在布底上，用彩色丝线、棉线、驼绒线、牛筋缝缀、锁边等工艺形成各种各样的纹样。赫哲族人常常将鱼皮剪成鹿、鸟等图案，并涂上黑色、红色等颜色，再进行创造、刻画，并用花线将其贴补在衣服上（图 4-106）。

图 4–106　赫哲族马哈鱼皮男服下摆处的贴补

鄂伦春族皮制五指手套通常有两种装饰法，除去常见的刺绣纹饰外，还有粗犷豪放的对称剪贴补花装饰，纹样主要有蝴蝶、几何形纹样等。

云南彝族的背带，多用黑色、白色、红色三种强烈对比的色块贴补和齐针绣制而成，给人以纹样整齐、繁而不乱、色彩雅丽、古朴的感觉（图 4-107 ～图 4-111）。大姚县桂花乡彝族女子的虎皮纹即为贴补花，她们用密集的几何纹排列，因远观酷似虎皮的纹路而得名。当地彝族妇女先将待贴的面料裁剪成所需的图案，再用大针将其固定在底布上，最后用多种刺绣针法沿着花片的边缘绣制完成。

贵州侗族的服饰和背带中都有使用贴补工艺。背带部位多为彩色，按照剪纸将纹样划分为各个基本单位，根据需要饰以各种形状的白、玫红、蓝、黄、绿色的彩缎作为补花，再在补花缎面上用丝线平绣图案，露出丝缎纹、缎面纹及底布纹，层次、色彩、质感丰富；而妇女服饰上则多用素色，如榕江县乐里侗族妇女的夏装上，白色上衣领口、袖口和襟边等部位，镶补上黑色、咖啡色布剪成的连续镂空如意云纹。

贴补适合表现面积稍大、形象较为整体、简洁的图案，而且尽量在用料的色彩、质感肌理、装饰纹样上与衣物形成对比，在其边缘还可作打齐或拉毛等处理。另外，贴补还可在变换针脚的大小形式、绣线的颜色和粗细选择上作文章，以增强其装饰感。

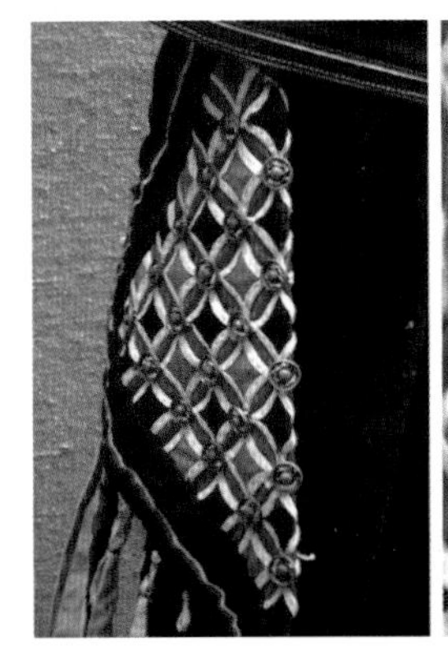

图 4-107　彝族贴补花纹帕巾

图 4-108　彝族贴补花纹女裙

图 4-109　彝族贴补花纹女长衫下摆

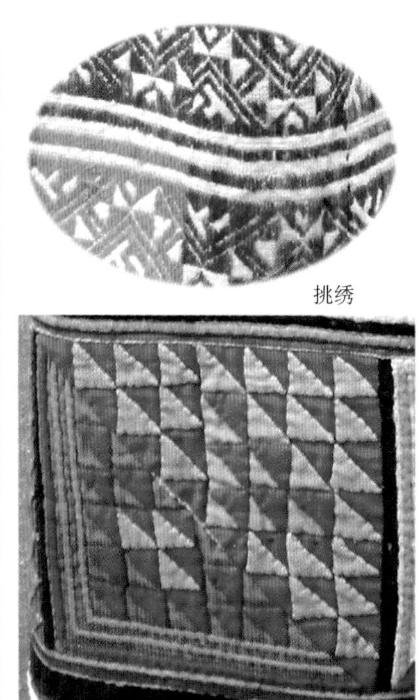

挑绣

拼布

图 4–110　彝族贴补花纹腰巾

图 4–111　彝族贴补花纹

（二）拼布

拼布，英文为 Patchwork[1]，是指有意将零碎布料缝合拼接为规则或不规则的图案，而组合构成的布块。拼布是一种独特的艺术形式，一种普遍的服饰装饰现象。它利用多种不同色彩（如花色和素色）、不同图案、不同肌理的材料拼接成有规律或无规律的图案做成服装，或是用同种材料裁开再拼接，形成另一

[1] 朗文英汉词典对“Patchwork”的解释为“缝缀起来形状各异的杂色布片”。

种独特的装饰效果。拼接处可以是平接，也可以在接缝处有意作凹、凸的处理。

我国的拼布服饰历史悠久，早在东汉时期，佛教传入我国的僧人的法衣——“三衣”，就是拼布手工艺制作的服装。山东青州龙必寺出土的距今1500年前北齐彩绘石雕佛立像，身穿的即为拼布形式的佛衣，这一点印证了拼布手工艺在佛教服饰中的应用。

在民间，拼布手工艺的历史也十分悠久，且应用广泛。一种名为“水田衣”的拼布服装曾经在历史上盛行一时。其实，“水田衣”为袈裟的别名，因用多块长方形布片连缀而成，宛如水稻田，且有广种福田之意。图4-112为北京服装学院民族服饰博物馆珍藏的一件汉族民间水田衣，款式为大襟短袄，其拼合的布料为菱形的单元，色彩艳明，颇具特色。起初，水田衣的制作讲究布料布局匀称，事先将各种锦缎料裁成长方形，然后再有规律地编排缝制成衣。后来便不再拘泥于规律的排列，布料的裁制也是大小形状不一，参差不齐。至明末时期，由于奢靡之风盛行，许多富贵人家为了制作水田衣常不惜裁破一匹完整的锦缎，只为获得别致的小块衣料。

“在汉族一些地区，民间流行着新生婴儿要穿‘百家衣’的习俗。至今在山西、陕西等地仍有穿用拼布百家衣的习俗。这种为了祝福婴儿祛病免灾、长命百岁的百家衣，是在婴儿诞生后不久，由产妇的亲友到乡邻四舍逐户索要的五颜六色小块布条（若得到老年人做寿衣的边角布料最好），拿回来后拼制而成的。向百家索布块可能渊源于氐族文化遗风，认为婴儿在众家百姓，特别是长寿老人的赠予下，可以健康成长。”[1]因此，百家衣除了祈求得到百家的祝福之外，还倾注着父母对子女的浓浓亲情。

少数民族在服饰当中也颇喜爱运用拼布手工艺。例如，云南傈僳族妇女喜穿拼布服饰，黑布底绱衣领处镶拼花边为饰，左右肩部相拼红色、绿色条布，襟边处则相拼上蓝色、白色、红色、绿色条布，袖管处也镶拼上绿色、黑色、红色的横条布作为装饰，在围腰处用七色彩条布拼花，装饰效果强烈而独特。阿昌族的服装在前襟和下摆处也会采用拼布形式，当前襟或下摆弄脏或被磨损的时候，可以换掉旧的布块，重新拼接新的布块来更换。朝鲜族妇女擅长拼布手工艺，在女子服饰的领部、袖子、前襟等处常常能看到拼布的应用（图4-113）。广西金秀地区的壮族妇女，也十分擅长利用拼布手工艺来装饰背小孩的背扇，她们将相似与相异色系的棉布剪裁成三角形，然后拼缝到一起，构成具有肌理感觉与趣味性的图案（图4-114）。除此之外，许多其他少数民族妇女都会运用拼布来制作服饰，如拉祜族（图4-115、图4-116）、彝族、白族（图4-117）、瑶族（图4-118）、藏族、苗族等。

[1] 刘波．中国民间艺术大辞典[M]. 北京：文化艺术出版社，2006：905.

图 4–112　水田衣

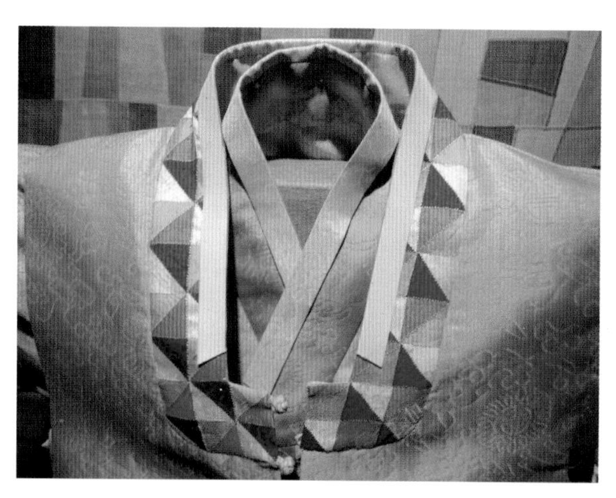

图 4–113　朝鲜族童装领部的拼布装饰

图 4–114　壮族土僚上衣背部的拼布装饰

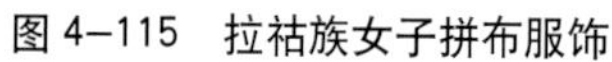

图 4–115　拉祜族女子拼布服饰

图 4–116　拉祜族少女衣襟开衩的拼布工艺

图 4-117　白族钱字纹拼布围兜局部

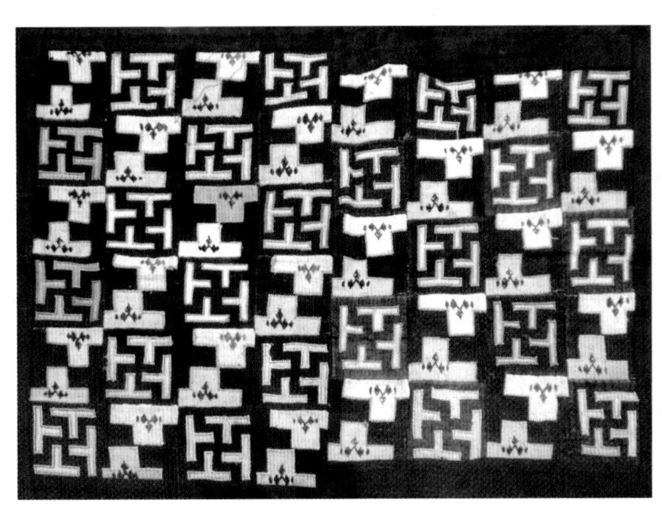

图 4-118　瑶族拼布背扇片

由于拼接所用原材料的性能和制作方法的不同，会形成不同的肌理效果，使得装饰更加富有趣味性和艺术感染力。在民间，拼布或许是勤俭精神和审美追求的产物；在艺术家手里，它是塑造艺术形象、传达创作理念的手段；而在现实生活中，拼布又以各种面貌出现在人们的衣装上、生活用品上。在 2010 年 10 月国际服饰文化及教育研讨会（ICCEC，International Costume Culture and Education Conference）期间，北京服装学院民族服饰博物馆展出了朝鲜族拼布艺术家金媛善用巧思、巧工、巧艺构筑的绚丽的个人拼布艺术作品。拼布手工艺不仅实用，而且也可称为别具一格的装饰艺术，在现代时装设计中大放异彩。目前在现代时装设计中，利用多种材料进行拼接装饰，是常见的流行形式，且运用得日益广泛而多样（图 4-119、图 4-120）。

图 4-119　朝鲜族拼布艺术家金媛善用巧思、巧工、巧艺构筑的绚丽的拼布艺术作品

图 4–120
金媛善拼布作品

三、编结和缀物

（一）编结

编结盘绕是以绳带为材料，将其编结成花结钉缝在衣物上或将绳带直接在衣物上盘绕出花形进行缝制，是少数民族服饰手工艺中的组成部分之一。这种装饰形象略微凸起，具有类似浮雕的效果。

中国人很久以前便学会了打结，并将这种工艺广泛地运用在人们的衣饰绶带上，即所谓的绶带结。除此之外，编结还常用作服装的扣子。因为结编成团，宛若一颗颗晶莹剔透的葡萄，又恰似一粒粒璀璨夺目的钻石，所以也被称为“葡萄扣”、“钻石结”；而环扣结，颇似纽扣结，因中空成环状而得名。

编结作为一种装饰艺术始于唐宋时代。在唐代永泰公主墓的壁画中，有一位仕女腰带上的结，即是现在通称的蝴蝶结。

明清时期，人们为结命名，使其更富内涵，结饰所用的图形都是意义的索引。例如，如意结代表吉祥如意，盘长结寓意回环延绵长命百岁，方胜结表示着方胜平安，同心结象征比翼双飞永结同心，双鱼结表达了吉庆有余，等等。至清代，绳结已俨然被视为一门艺术，不仅样式丰富、花样精巧，而且编结作为装饰的用途也颇为广泛，应用层面很广。清代著名文学家曹雪芹在《红楼梦》第三十五回“白玉钏亲尝莲叶羹，黄金莺巧结梅花络”中，有一段专门对打结的用途、饰物、配色的叙述，提及“一炷香、朝天凳、像眼块、方胜、连环、梅花、柳叶”等花样名称，并作了详尽的描写。

少数民族地区有用线绳缀饰流苏和编结盘扣的传统。西南地区壮族、黎族妇女的头巾和瑶族、土家族妇女的围腰也常缀以流苏。盘扣，又称“盘纽”，是传统满族服装使用的一种纽扣，扣子是用称为“襟条”的折叠缝纫的布料细条回旋盘绕而成。布料细薄的盘扣可以内衬棉纱线，而做装饰花扣的袢条一般会内衬金属丝，以便固定造型。满族除了在旗袍上编盘各式各样的纽扣外，在冬季的瓜皮帽顶，缀饰有一个丝绒结成的疙瘩，有黑有红，俗称“算盘结”。另外，在创制满洲文字前，满族还采取结绳记族系的方法，将家族生男、生女、各代辈分用“索绳”标志出来。“索绳”由萨满结制，生男在结处拴一小弓箭或古代方孔钱币，或一块蓝色或黑色布条；生女则拴一个“嘎拉哈”[1]，可见满族人与“结”的渊源。而蒙古族服饰的扣襻工艺，也有着悠久的历史和鲜明的民族特色，它既是服饰中必不可少的附件，又是装饰品，可谓是实用和美观相统一的编结制品。扣襻由扣坨和纽襻组成，带扣坨的纽襻儿称公纽襻儿，带套索的纽襻叫作母纽襻儿。早期，蒙古族人的服饰并无扣、襻，只是用系带来固定上衣的大襟。后来逐渐有了用皮条、骨节制作的简易扣襻。到了元代，蒙古族服饰已经有了以金、银、玛瑙、珍珠等制作的扣坨和以织金锦、棉布、绸缎等为原料制作的纽襻。

编结盘绕工艺难度较大，要做得平整、流畅需要一定的技巧。而在现代的服装设计中，设计师通常还应针对款式及人体结构的需要设计出编结盘绕的图形。

（二）缀物

缀物是将不同的实物巧妙地通过刺绣联结起来的一种服饰手工艺，将颗粒状物缀钉在织物上，通常缀的有宝石、珍珠、珊瑚珠、琉璃珠之类。不同质地、不同形象的缀物相互产生的反差与映衬，使得刺绣作品的视觉外观更加丰富、绚丽。少数民族服饰通常将珠、片、贝、羽、钱币等物缀绣到一起，丰富服饰的质感变化，加强对比的同时，也起到了画龙点睛的作用。另外，为满足少数民族人们的心理需要，受到图腾崇拜、驱凶避邪等方面的影响，也将野猪牙齿、兽骨等磨制品连绣于服饰之上。

少数民族服饰中缀物的工艺应用颇为广泛。例如，苗族妇女的锡绣很有特色，又称为“剑河锡绣”，因位于清水江中游剑河县内而得名。锡绣围裙是用边长在约 1.5 毫米有孔的方形锡片，连缀绣在深蓝色面料上，银灰色的锡片在深蓝色底布的映衬下，古朴而明亮，其纹样为几何形，如“万字纹”或“寿字纹”等（图 4-121 ～图 4-123）。除了锡绣外，苗族最为擅长和喜欢的则是各式各样的银饰缀物，在许多支系图中成为传统服饰的特色（图 4-124 ～图 4-127）。哈尼族妇女的黑色上衣上常绣饰有银泡，整件上衣被多枚银泡和银饰件所覆盖（图 4-128）。高山族最为突出的珠绣，即缀珠，将白色的小贝珠或琉璃珠用麻线串起，按图形固定在衣服上，也有将小珠一颗颗分头钉在衣服上形成图案。缀珠方法有二：其一是串缀法，即先将一串珠子穿于线上，按图案需要排在织物上后，再隔一颗钉一针，如同钉线绣的制作工艺；其二为颗缀法，即穿缀一颗，就钉一颗。前者方法宜于包边，后者适

[1] 牛、猪、羊、鹿等动物后腿连接大腿和小腿之间的轴心骨称为嘎拉哈，是满族人的一种游戏，最早是用来占卜的，也曾作为货币流通过，还有人将玉制的嘎拉哈挂在幼儿的脖子上以显示富贵。

合于做花蕊。还有泰雅人的缀铃长衣，珠串下端缀有铃形大珠，在红底色映衬下色彩显得格外华丽。以白色小珠串为主，间以红珠，串好后缀于面料上，古朴大方。在20世纪50年代，高山族还流行以塑料彩色管缀于服饰上，后来被硬质珠所取代。黎族妇女的头巾、上衣和筒裙上常常镶嵌上金银箔、云母片、羽毛，有的缀以贝壳、珠串、铜钱、铜铃或流苏等，形成了有声有色的特殊效果。类似的缀物工艺，在少数民族服饰当中数不胜数（图4-129～图4-131）。

图4—121　苗族锡绣

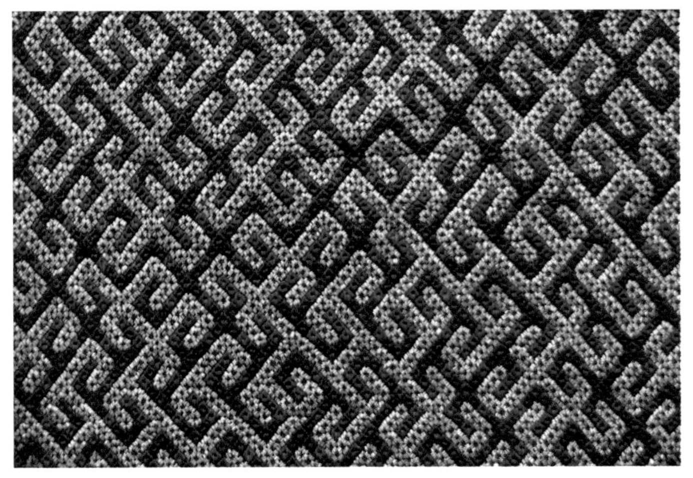

图4—122　苗族锡绣“勾连云雷纹”围裙前片局部

图 4–123　苗族锡绣服饰

图 4–124　施洞苗族缀物装饰背扇

图 4–125　施洞苗族缀物男童服

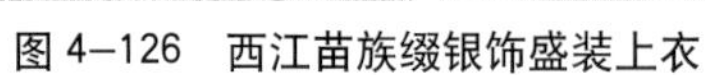

图 4–126　西江苗族缀银饰盛装上衣

图 4–127　黄平苗族女子缀物华服围裙

图 4–128 云南红河哈尼族少女服饰银饰装饰

图 4–129 从江高增侗族盛装局部

图 4-130 侗族贴花、缠锡线绣双龙戏珠背带

图 4-131 饰有银泡的侗族缠绣童帽

在少数民族服饰当中，还有一种呈缀挂形式的缀物工艺。缀挂式即装饰形象的一部分固定在服饰上，另一部分呈悬离状态，如常见的缨穗、流苏、花结、珠串、银缀饰、金属环、木珠、装饰袋、挂饰等。这类装饰动感、空间感很强，它随着穿着者的动态变化而呈现出飘逸、摆荡、灵动的魅力。例如，侗族的胸牌，是妇女节日及婚嫁时佩戴的胸饰品。长约 55 厘米，呈帘状，由银链连接各种单独纹样的饰物构成。饰物上的图案多为花纹，末层饰物为蝴蝶纹，造型夸张，装饰性较强。德昂族成年妇女腰间必戴的特色佩饰——腰箍，多用藤篾编成，也有的前半部是藤篾，后半部分是螺旋形的银丝。腰箍的宽窄不一，多漆成红色、绿

色、黑色，有的还会在上面刻绘各种动植物花纹图案或在外面包上银皮、铝皮（图 4-132）。类似的饰品在景颇族、佤族（图 4-133）、珞巴族等民族也十分常见，是青年男女美好爱情的信物，颇具节奏感和动感。

除此之外，少数民族妇女还会借用立体花的手工艺来装扮自己。立体花是指装饰形象以立体的形式出现于服饰上，如常见的各式立体花、羽毛（图 4-134）、蝴蝶结、珊瑚、贝壳等。这种装饰以其体量、层次、质感在服饰上取得醒目、突出、厚重、有分量的感觉（图 4-135、图 4-136）。在服饰面料上作各种起伏效果，如折叠、局部抽紧、局部隆起等。例如，满族妇女喜欢在头上装饰绢花，即在黑色缎子制成的“不”字形旗头中央，缀饰绫罗绸缎和绢纱等材料制成的大绢花，以显示华贵庄重。而白马藏族服饰的最大特色是无论男女都头戴羊毛制作的，被当地人称为“沙嘎”的白色荷叶边毡帽，且要在毡帽上插着一根到三根白鸡毛，帽上缠绕有红、蓝、黄、紫等色线，垂飘在帽檐之外，成为白马藏族的标志。通常男子帽上插一根短而粗的鸡毛，以示其刚强、心直、人品好的品质；姑娘则插上一到三根弯弯的、柔柔的鸡毛，以代表其温柔、美丽的性格。

图 4-132　德昂族腰箍

除此之外，还有许多少数民族，如彝族、侗族等，都喜欢用各式各样的花朵来装饰自己。

其实，少数民族往往会使用多种手工艺技法来装饰其民族服饰。例如，刺绣与贴补的结合、拼布与刺绣的结合、缀物与刺绣的结合等，这些可以看作是多种立体式的服饰手工艺技法的组合，而蜡染与刺绣的结合、织锦和银泡的结合可以看作是平面式与立体式手工艺的结合。这种工艺混搭制作方式，是与少数民族妇女通常先在小块面料上做好装饰后，再组合到一起构成整件的服饰装饰的习惯相关。所以这里不仅要有局部的细节构思，还要考虑到组合拼合后的整体效果，而从这些服饰当中我们可以看到少数民族妇女的聪明才智和对幸福生活的美好愿望。

图 4-133　佤族腰箍

图 4-134　黎平侗族男装下摆的羽饰

图 4–135　云南保山傈僳族缀物装饰女服

图 4–136　德昂族缀物装饰

珠裙褶褶轻垂地：少数民族服饰制作手工艺

衾凤犹温，笼鹦尚睡。
宿妆稀淡眉成字。
映花避月上行廊，
珠裙褶褶轻垂地。
翠幕成波，新荷贴水。
纷纷烟柳低还起。
重墙绕院更重门，
春风无路通深意。

——宋 · 张先《踏莎行》

一、镶和绲

（一）镶

“镶”，从其名词词性分析，其意有三：其一为瓤子之意，是形声字，从金，襄声；其二为铸铜铁器模型的瓤子；其三为古代兵器名。从其动词词性上看，也有三种意思：一为与镶嵌物相嵌或相配合之意；二为镶绲，即在衣服边缘加一道边，加宽边叫镶，加窄边叫绲；三为修补其意。在服饰制作之中，“镶”取其动词“镶绲”之意。

衣物的镶饰古已有之，尽管其裁制的具体形式并不明确，但可谓中国古代服装镶饰之源。1981年，在江苏泰州出土的明代徐蕃夫妇墓中有八宝花缎连衣百褶裙，也为上下拼接而成。而清代的袄、袍，由于布幅原因须采用前后片中缝或袖片接缝，皆为镶饰，除在领、襟、摆等处多见镶饰之外，两袖也有“阑干”❶装饰。

镶边可分为条镶和块镶两种。条镶，即用条状的装饰物作为镶边材料来装饰衣物的一种装饰工艺方法。条镶按照装饰材料的种类可分为布条镶和花边条镶；按照缝制的位置分边条镶和条镶；按照装饰布条的多少又可分为单条镶和多条镶；块镶，主要是指用长方形、方形、圆形、三角形、多边形的镶饰物来进行镶饰的工艺手段。图5-1～图5-18为南北方少数民族服饰中的各式镶边，分布的位置为衣领处、袖口处、门襟、下摆处或围腰的周边，有的是刺绣镶边，有的则是蜡染镶边。镶边是少数民族服饰中极常见的装饰方式，有些民族的服饰镶边甚至完全遮盖了衣服的底料（图5-19、图5-20）。

图5-1　保安族浅雪清暗花绸流水纹短袍衣领、衣襟镶边

❶ 一种极尽绣工、位于袖管至袖口间的镶饰。

图 5–2　傈僳族服装衣领镶边

图 5–3　羌族服装领口、衣襟镶边

图 5–4　镶边装饰的鄂温克族花缎女袍

图 5-5　毛南族服装领襟镶边

图 5-6　苗族服装衣襟镶边

图 5-7　花腰彝族服装领口、衣襟镶边

图 5-8　藏族镶边长袍

图 5-9　内蒙古鄂伦春族女皮袍的镶边

图 5-10　20 世纪 80 年代鄂温克族云纹绿缎女夹袍镶边

图 5-11　僅家服装以蜡染镶边

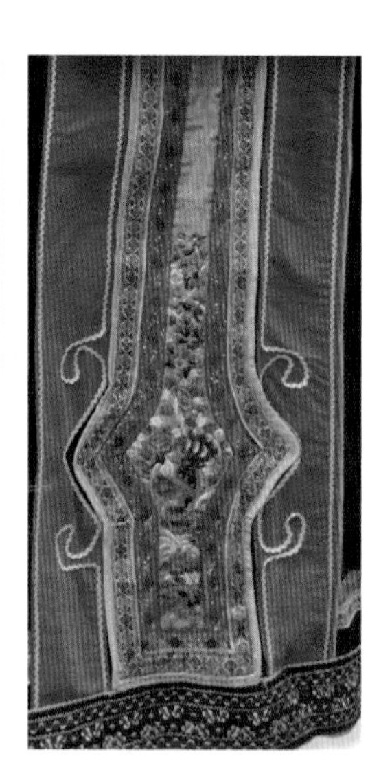

图 5-12　仡佬族衣裙镶边

图 5-13　盘瑶围裙镶边

图 5-14　畲族围腰镶边

图 5-15　羌族围腰镶边

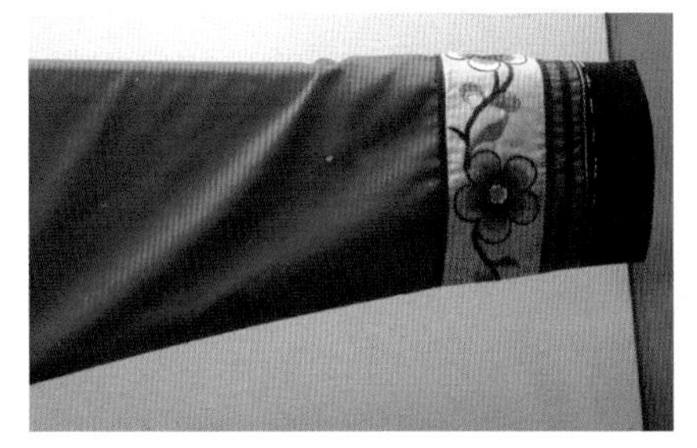

图 5-16　羌族衣服袖口镶边

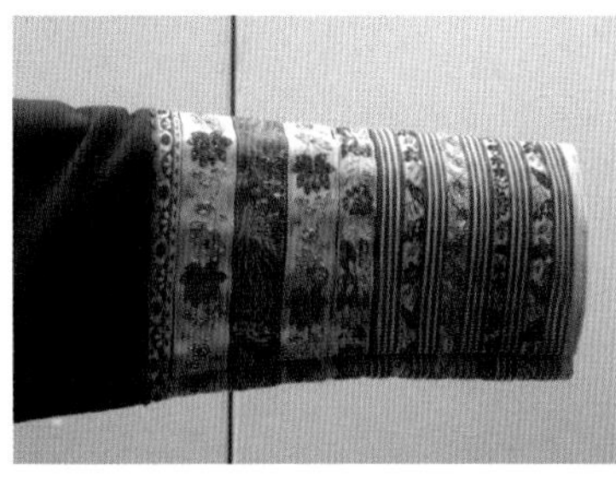

图 5-17　藏族长袍袖口镶边

图 5-18　藏族长袍袖口镶边

图 5-19　施洞塘龙镇苗族妇女镶边上衣与织锦围裙

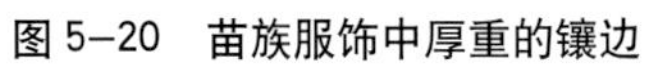

图 5-20　苗族服饰中厚重的镶边

少数民族妇女喜欢在服饰上进行镶饰。例如，望谟县布依族妇女的传统衣服大都是大襟宽袖，低领右衽，围肩处镶阑干，袖口处接五寸长青布，接头处亦镶阑干。而河池、宜山、都安一带的壮族妇女服饰大多为上衣下裤，也有部分衣、裤、裙装，其上衣多为大袖，袖口镶饰有四五寸宽的色布；裤子样式则基本为大裤头、宽裆、宽腿筒，裤脚尺余宽，有的在离裤脚数寸处用色布镶两道阑干，有的则不镶，裤头一般另外拼接不同颜色的布料。

在传统服饰中，有时镶绲工艺是不分家的，有镶边的地方也常见绲边，如图 5-21 ～图 5-24 所示。晚清，满族妇女服饰中镶绲工艺的结合也非常多见。图 5-25 为中国丝绸博物馆收藏的满族女性旗袍，袍身以大红色的江绸为面料，有大型的折枝菊花刺绣，在领口、大襟和开衩处都应用了镶绲工艺。

（二）绲

“绲”，从其名词词性上看，其意有五：其一为织成的带子；其二为通“衮”之意；其三为帝王及公侯的礼服；其四为衮职，三公之

图 5-21 拉祜族少女衣襟的镶绲工艺

图 5-22 彝族长衫上的镶绲工艺

图 5-23 佤族上衣镶绲领饰、下摆、袖口

图 5-24 清代北京满族短款氅衣领口处的镶绲工艺

图 5–25　满族旗袍上的镶绲工艺及局部展示

职；其五通“昆”，即后代子孙。从其动词词性看，其意也有二：一为用带子保护、加强或装饰；二为用彩带或花边装饰。在服饰制作当中，“绲”取其动词之意，是一种缝纫方法，沿着衣服的边缘缝上布条、带子等，也称“绲边”。绲边主要用于衣服的领口、领圈、门襟、底边、袖口与裙边等部位的边缘，既可以用来装饰，同时也是加固服装的一种手段。

清初镶绲边饰还只是用于襟边及袖端，且颜色较素淡。至咸丰、同治年间，妇女服饰的镶绲逐渐增加，从三镶三绲、五镶五绲，发展到十八镶绲。到晚清时，都市妇女衣服上镶花边、滚牙子，多至十几道，有“七姐妹”、“十三太保”、“十八镶绲”诸名，以至于有的衣服只见镶绲而鲜见衣服的原本面料，而这一衣之贵也都体现在这镶绲之上。这种重饰之风尚的形成，一方面以丝织染绣技术的进步为前提；另一方面用花边镶绲衣服的边缘部位，也能够增加衣服耐用程度并起到装饰的效果。

镶绲边不仅是汉族传统服饰的主要装饰工艺之一，而且在少数民族服饰当中应用甚广。例如，蒙古族较为擅长利用镶绲工艺。其镶绲装饰常用于衣、帽、靴等服饰，长袍和坎肩的镶边装饰最为多见且色彩鲜艳；镶绲工艺的构成由绲边、沿边和饰条三个部分构成，其中绲边主要为加固之用，沿边和饰条则主要起装饰作用；镶绲的数量和风格有单沿边、加一道水流的宽沿边、加二道水流的宽沿边、组合

图 5-26　赫哲族鱼皮衣上的绲边领口与衣襟

宽沿边等；镶绲的材料则有布、帛、皮、绒、锦、绦子等。蒙古族镶绲边的色彩构成因男女老少的差别而各有不同，其中妇女服饰的镶绲装饰较为华丽，而老年服饰的镶绲装饰较为朴素。除此之外，还有很多少数民族擅长绲边装饰，图 5-26 ～图 5-28 分别为赫哲族、基诺族和壮族服饰上的绲边。在 20 世纪 20 ～ 30 年代的旗袍中，绲边的方式也是各式各样、丰富多彩。图 5-29 是 20 世纪 20 年代中叶流行的源于将长马甲与短袄相结合的旗袍款式，立领大襟、倒大袖（喇叭袖），面料为卷云纹绸，大襟处镶有与面料卷云纹相对应的绿色边饰，而立领和大襟处同有绿色绲边为饰。图 5-30 为 30 年代的一件橘红色短袖旗袍，图 5-31 也是 30 年代的一件绉绸旗袍，两件旗袍都采用了绲边的设计。而在当下时装设计中，绲边也是高档时装和成衣中常见的工艺，图 5-32 为 2008 年北京奥运会颁奖礼中的旗袍设计，与服装同色的绲边精致细腻，领口的盘扣和绣花更丰富了视觉美感的层次。

图 5-27　基诺族服装绲边领口

图 5-28　壮族绲边装饰的斜挎包

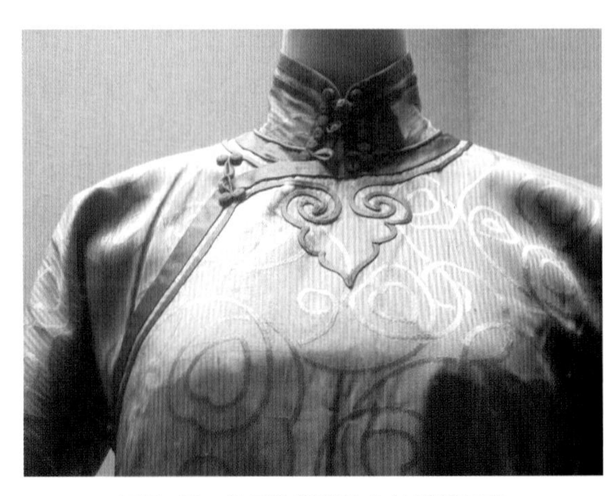

图 5-29　卷云纹绸旗袍上的镶绲工艺

图 5–31　20 世纪 30 年代绉绸旗袍上的镶绲工艺

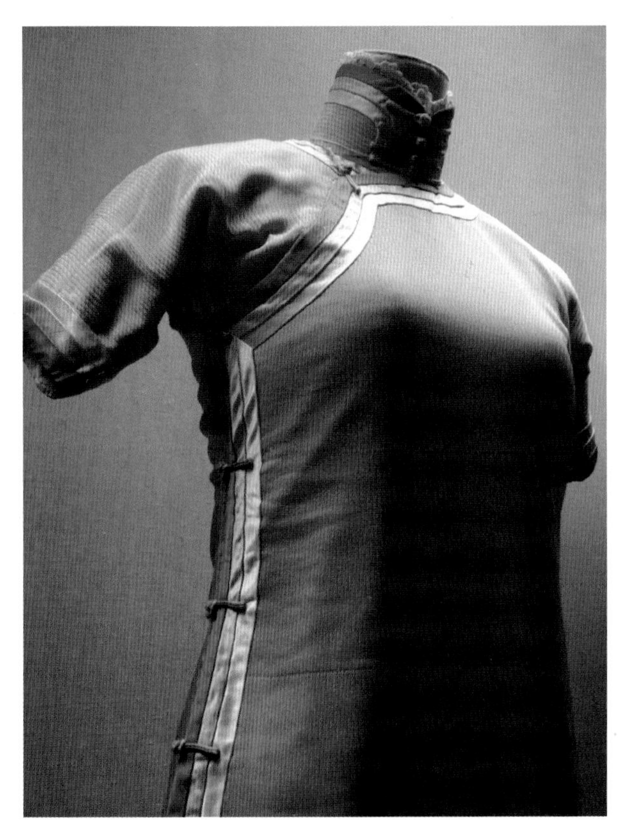

图 5–30　20 世纪 30 年代旗袍上的镶绲工艺

图 5–32　2008 年奥运会颁奖礼服上的绲边

二、百褶裙

（一）百褶裙小考

裙是人类最早的服装，早在远古时期，原始人就用兽皮、树叶制成围裙，遮身护体。20世纪70年代，在湖南长沙马王堆汉墓中，发现了完整的用四幅素绢拼制而成的裙子实物，裙子呈上窄下宽的梯形，裙腰也为素绢，裙腰两端分别延长一段以便于系结，裙子上无任何纹饰，也没有缘边，即当时所谓的“无缘裙”。

百褶裙在我国已有1700多年的历史。百褶裙，也称“百裥裙”、“密裥裙”或“碎褶裙”，是指裙身由许多细密、垂直的皱褶构成的裙子。早在汉代伶玄所著的《赵飞燕外传》中便有号为“留仙裙”的百褶裙的记载。魏晋时期裙子款式增多，色彩丰富，装饰讲究。在广大妇女中曾流行一种名为“间色裙”的裙子，即以两种以上颜色的布条间隔拼接制成，整条裙子被分割成数道，几种色彩相间。甘肃酒泉丁家闸古墓壁画中的妇女，就穿着这种“间色裙”。至南北朝时期，裙子上纹饰逐渐增多。隋代妇女的裙子样式基本承袭南北朝时的风格，曳地的长裙受到妇女的欢迎，间色裙的道数则越来越多，间道也更为狭窄。整条裙子常被分割成12间道，即俗称“十二破”，“破”即“剖”，为分割之意。据说这种裙子为隋炀帝时所创，在当时有“仙裙”之美誉。

唐代妇女的裙子种类丰富，在裙长、裙幅、裙色等各方面都有其特色。唐代妇女裙长明显增长，裙裾曳地被视为常态。妇女着裙时多将裙腰束在胸部，有时甚至高束至腋下，裙摆盖住脚面，最长者拖地尺余。这类长裙，在很多图画资料中也有反映，如唐代画家周昉《簪花仕女图》、《挥扇仕女图》以及阎立本的《步辇图》等都有见身穿长裙的唐代妇女。唐代妇女的裙幅（即裙子的宽度）一般以宽大为尚，大多数妇女的裙子都用六幅面料制成，这类多幅的裙式，不仅影响到穿者的活动，且造成了用料上的极大浪费，以致朝廷曾下令干涉并禁止。在色彩上，唐代女性多喜欢色彩浓艳的裙子，其中红色尤其受到追逐时尚的女性青睐。另外，唐代女裙款式变化多样，有间色裙、金丝裙、金镂裙、芙蓉裙、荷叶裙、蝴蝶裙、笼裙、百褶裙、湘裙、裥裙[1]等。

裥裙为多褶之裙，隋唐形成，至两宋时褶裥多而细，有“百叠”、“千裙”的描述。唐宋时期的百褶裙，通常以数幅布帛为之，周身施裥，少则数十，多则逾百。千褶裙，是指裙褶数量之多，并非以千幅布帛制作。明代流行红色褶裥长裙，清代褶裥裙品种增多，有凤尾裙、百褶裙、月华裙等。清朝咸丰、同治时期，百褶裙在制作上有所变化，天津一带流行将裙幅用线交叉串取，使得裙褶处能伸缩，展开时状如鱼鳞，故得名鱼鳞百褶裙。

---

[1] 裙幅的褶子称为“裥”，裥裙即褶裙。

（二）少数民族百褶裙

百褶裙的制作，是将服饰面料折叠或加皱后予以固定，形成规则或不规则的褶裥，从而起到装饰的作用。在特别注重肌理效果的少数民族服饰中，裙子皱褶多而密，裙有长有短，长的曳地，短的及膝。例如，彝族、傈僳族、苗族、布依族、壮族、普米族、摩梭人的百褶裙裙幅很宽，缝时多需折叠成褶，少则数百褶，多则上千褶，每个裥距约为 2 ～ 4 厘米，褶裙上端褶皱美观，下摆伸缩自如，便于行动。有的少数民族还会在百褶裙边上镶饰花边，行走时摇曳摆动，十分婀娜，四川大小凉山和云南宁蒗彝族地区，一般用三种不同彩色的布缝缀裁制成百褶裙。还有的少数民族裙料用蓝底白花的蜡染花布制成，如苗族、布依族等。百褶裙作为彝、苗、侗等少数民族妇女常穿的一种裙子，流行于云南、四川、贵州等地。

1. 苗族百褶裙

苗族的百褶裙有长、中、短三种，长裙至脚面，中裙过膝，短裙不及膝。雷山等地苗族女子盛装中穿有长仅 20 厘米左右的短百褶裙，故名为“短裙苗”。短裙苗的姑娘们穿着号称世界上最短的超短裙，通常超短百褶裙的裙身长度为 15 ～ 30 厘米，最短的裙长只至大腿根部，身长仅 10 厘米。平时穿着可将 2 ～ 3 条短裙重叠着穿，而盛装时则将多达 30 余条短百褶裙都穿在身上，充分体现了她们以多为美、以繁为美的服饰审美观。这种短式百褶裙的裙下打有绑腿，绑腿上系有彩带，绑腿的创制既能够适应阴湿晦暗的潮湿气候环境，更可以避免在山林中行走时被荆棘划破。短裙苗的裙子不仅短，裙子的布料还厚且硬。制作这种厚、硬、多细褶的短裙，首先要制作牛胶，即将牛皮加热熬制成浆液，然后用其浆制染好的裙布。浆过四五次后，再用毛云实的种子加上部分圆叶茯苓块根磨成浆液，反复浆上几次，最终形成一层保护层，经过这样处理的裙布就比较硬实了。处理过的裙布打褶制作成裙后可起到防湿、防雨、耐磨等功效，颇为适应短裙苗的生活环境。

苗族百褶裙一般用青紫色自织土布为原料，通常用料一匹（约 20 米）。其制作工序通常是先将所需长度的布料连成一幅，然后将稻草铺在地上，形成中间高、两头低的弧形床基，上面再放一张晒席，裙布正面朝下置于席子上，用手工均匀地将褶折起来，每折一小节即用双脚压住两端，边折边用有黏性的植物水（如白芨水汁）拍洒其上，然后每隔 3 厘米用线固定一道（穿用时将线拆掉），使折好的细褶串联起来。阴干后垂置一段时间以保持褶裙平整，褶皱不会变形。百褶裙由裙首、裙身、裙脚三部分组成，裙身纵向挺直、横向富有弹性，常常会装饰有纹样，且多为表达历史文化象征的图案。

苗族妇女不仅擅长制作百褶裙，并且用不同的装饰手法装饰百褶裙，形成丰富的、风格迥异的视觉效果。苗族百褶裙主要有素色百褶裙（图 5-33、图 5-34）、蜡染百褶裙（图 5-35 ～图 5-37）、刺绣百褶裙（图 5-38），拼布百褶裙（图 5-39、图 5-40）。

图 5–33　黎平滚董苗族亮布百褶裙

图 5–35　花苗蜡染百褶裙

图 5–34　穿百褶裙的施洞苗族小姑娘

图 5–36　小花苗蜡染百褶裙

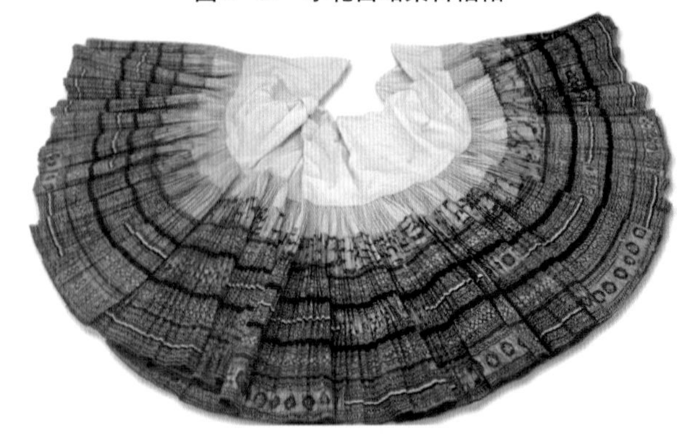

图 5–37　苗族蜡染镶彩布纹百褶短裙

图 5–38　黄平苗族刺绣百褶裙

图 5-39　雅雀苗拼布、蜡染百褶裙

银饰

百褶裙

图 5-40　身穿拼布百褶裙的施洞苗女

苗族妇女不仅喜欢穿百褶裙，还将其视为可以驱灾避邪、消病保平安的吉祥物。人们将百褶裙晾晒在自家的房前屋后、猪圈和牛圈的围栏上，出远门时常要带上一条百褶裙在身边“做伴”，生病了要在床边挂上一条百褶裙“做药”。

2. 其他民族的百褶裙

百褶裙是侗族妇女的传统着装，侗族妇女制作百褶裙的工艺也颇为精湛且富有特色。侗族妇女先将牛皮膏、豆粉、蛋清调成浆液，将精心织染的侗布放置在石板上或特制的制裙桌上，用棕叶蘸取浆液涂浸，将裙布折成细褶后用竹片或牛角片刮平。侗族的百褶裙以细褶为佳，每褶仅 2 ～ 4 毫米宽。一条裙子要浆成一样宽窄的上百道褶，然后捆扎定型。这样制成的百褶裙，裙褶经久不变形且富有光泽。侗族的百褶裙通常由前后两片构成，长过膝盖小腿，裹绑腿或穿袜筒（图 5-41、图 5-42）。

图 5–41 侗族亮布百褶裙（一）

图 5–42 侗族亮布百褶裙（二）

布依族妇女明代就已穿百褶裙了，如今惠水等地的布依族妇女下装依然喜穿长的百褶裙：裙由上下两节构成，上节长 37 厘米，用黑色缎子折成 16 个褶；下节长 39 厘米，由 35 块各式彩色（红、黄、绿、紫、白等多色）长方形花纹缎及 6 块紫红色花缎有规则地相间拼缝而成，腰围 1 米，用布带结活结附于腰上，裙脚展开后有 3.5 米宽。

彝族女子不论老少，都以穿百褶裙为美，且以多褶为贵（图 5-43、图 5-44），旧时裙式的长短与身份有关。彝族女孩子从会走路的时候就穿上两节素色百褶裙，进入青春期后举行隆重的换裙仪式，彝语叫“撒拉落”，意为脱去童年的裙子，换上成年的裙子，俗称“换

图 5–43 彝族百褶裙

图 5-44 四川彝族百褶裙

图 5-45 哈尼族素色百褶裙

童裙”或“假婚”。换成的裙子为红、蓝、黄等多种颜色相间的三节，且下摆更大的百褶裙。布拖彝族女子换裙时用一种黑或青色羊毛织成的裙子绕姑娘头部或大腿三圈，以示祝福，然后脱下短裙穿上大裙子。换裙前一般着红、黑、白三色横接的羊毛织的“体里”百褶裙，换裙后改穿黑色或青色三节曳地百褶长裙，镶有七道红、蓝、白边。结婚时百褶裙中褶的数量、料子的好坏、做工的精细程度，都被作为衡量彝族新娘能干与否的因素。

除此之外，还有许多少数民族喜爱制作并穿用百褶裙，如仫佬族、傈僳族、藏族、哈尼族（图 5-45）。

参考文献

[1] 陈维稷．中国纺织科学技术史 [M]. 北京：科学出版社，1984.

[2] 邓启耀．衣装秘语——中国民族服饰文化象征 [M]. 成都：四川出版集团、四川人民出版社，2005.

[3] 丁文涛．布依族印染工艺探源 [J]. 贵州大学学报：艺术版，2007（2）.

[4] 方李莉．新工艺文化论 [M]. 北京：清华大学出版社，1995.

[5] 华梅．服饰民俗学 [M]. 北京：中国纺织出版社，2004.

[6] 黄能馥．印染织绣工艺美术的光辉传统．中国美术全集·工艺美术编·印染织绣（上）[M]. 北京：文物出版社，1985.

[7] 回顾．中国丝绸纹样史 [M]. 哈尔滨：黑龙江美术出版社，1990.

[8] 李正．服装学概论 [M]. 北京：中国纺织出版社，2007.

[9] 刘波．中国民间艺术大辞典 [M]. 北京：文化艺术出版社，2006.

[10] 刘雍．贵州传统蜡染 [M]. 贵阳：贵州人民出版社，1993.

[11] 柳宗悦．工艺文化 [M]. 徐艺乙，译．桂林：广西师范大学出版社，2006.

[12] 史丽君．“褶”在苗族百褶裙中的应用 [J]. 城市建设与商业网点，2009（31）.

[13]《蜀锦史话》编写组．蜀锦史话 [M]. 成都：四川人民出版社，1979.

[14] 汪为义，田顺新，田大年．湖湘织锦 [M]. 长沙：湖南美术出版社，2008.

[15] 王海霞．中国民间美术社会学 [M]. 南京：江苏美术出版社，1995.

[16] 魏采苹，屠思华．吴地服饰文化 [M]. 北京：中央编译出版社，1997.

[17] 吴淑生，田自秉．中国染织史 [M]. 上海：上海人民出版社，1986.

[18] 辛艺华，罗彬．土家族民间美术 [M]. 武汉：湖北美术出版社，2004.

[19] 杨甫旺．彝族生殖文化论 [M]. 昆明：云南民族出版社，2003.

[20] 杨庭硕．民族文化与生境 [M]. 贵阳：贵州人民出版社，1992.

[21] 杨正文．苗族服饰文化 [M]. 贵阳：贵州民族出版社，1998.

[22] 张怡庄，蓝素明．纤维艺术史 [M]. 北京：清华大学出版社，2006.

[23] 赵承泽．中国科学技术史（纺织卷）[M]. 北京：科学出版社，2002.

[24] 赵丰．中国丝绸艺术史 [M]. 北京：文物出版社，2005.

[25] 中国台湾汉声杂志社．蜡染（中国土布系列）[M]. 贵阳：贵州人民出版社、贵州出版集团公司，2007.

[26] 钟茂兰．民间染织美术 [M]. 北京：中国纺织出版社，2002.

[27] 周锡保．中国古代服饰史 [M]. 北京：中国戏剧出版社，1984.

[28] 周莹．少数民族服饰图案与时装设计 [M]. 石家庄：河北美术出版社，2009.

附录

1. 国家级非物质文化遗产名录中的少数民族服饰手工艺项目

编　号	项目名称	申报地区或单位	类 别	批 次
321 Ⅶ -22	苗绣（雷山苗绣、花溪苗绣、剑河苗绣）	贵州省雷山县、贵阳市、剑河县	民间美术	第1批及扩展项目
322 Ⅶ -23	水族马尾绣	贵州省三都水族自治县		
323 Ⅶ -24	土族盘绣	青海省互助土族自治县		
324 Ⅶ -25	挑花（花瑶挑花）	湖南省隆回县		
368 Ⅶ -18	土家族织锦技艺	湖南省湘西土家族苗族自治州	传统手工技艺	
369 Ⅷ -19	黎族传统纺染织绣技艺	海南省五指山市、白沙黎族自治县、保亭黎族苗族自治县、乐东黎族自治县、东方市		
370 Ⅷ -20	壮族织锦技艺	广西壮族自治区靖西县		
371 Ⅷ -21	藏族邦典、卡垫织造技艺	西藏自治区山南地区、日喀则地区		
373 Ⅷ -23	维吾尔族花毡、印花布织染技艺	新疆维吾尔自治区吐鲁番地区		
375 Ⅷ -25	苗族蜡染技艺	贵州省丹寨县 贵州省安顺市		
376 Ⅷ -26	白族扎染技艺	云南省大理市		
390 Ⅷ -40	苗族银饰锻制技艺	贵州省雷山县 湖南省凤凰县 贵州省黄平县		
	彝族银饰制作技艺	四川省布拖县		
434 Ⅷ -84	黎族树皮布制作技艺	海南省保亭黎族苗族自治县		
435 Ⅷ -85	赫哲族鱼皮制作技艺	黑龙江		

续表

编　号	项目名称	申报地区或单位	类 别	批 次
513X-65	苗族服饰	云南省保山市（昌宁苗族服饰） 湖南省湘西土家族苗族自治州 贵州省桐梓县、安顺市西秀区、关岭布依族苗族自治县、纳雍县、剑河县、台江县、榕江县、六盘水市六枝特区、丹寨县	民俗	
514 Ⅸ -66	回族服饰	宁夏回族自治区		
515 Ⅸ -67	瑶族服饰	广西壮族自治区南丹县、贺州市		
852 Ⅶ -76	羌族刺绣	四川省汶川县	传统美术/民间美术	第2批及扩展项目
854 Ⅶ -78	彝族（撒尼）刺绣	云南省石林彝族自治县		
855 Ⅶ -79	维吾尔族刺绣	新疆维吾尔自治区哈密地区		
856 Ⅶ -80	满族刺绣 （岫岩满族民间刺绣、锦州满族民间刺绣、长白山满族枕头顶刺绣）	辽宁省岫岩满族自治县、 锦州市古塔区 吉林省通化市		
857 Ⅶ -81	蒙古族刺绣	新疆维吾尔自治区博湖县		
858 Ⅶ -82	柯尔克孜族刺绣	新疆维吾尔自治区温宿县		
859 Ⅶ -83	哈萨克毡绣和布绣	新疆生产建设兵团农六师		
884 Ⅷ -101	毛纺织及擀制技艺 （彝族毛纺织及擀制技艺、藏族牛羊毛编织技艺、东乡族擀毡技艺）	四川省昭觉县、色达县 甘肃省东乡族自治县	传统技艺/传统手工技艺	
887 Ⅷ -104	侗锦织造技艺	湖南省通道侗族自治县		
888 Ⅷ -105	苗族织锦技艺	贵州省麻江县、雷山县		
889 Ⅷ -106	傣族织锦技艺	云南省西双版纳傣族自治州		
891 Ⅷ -108	枫香印染技艺	贵州省惠水县、麻江县		
892 Ⅷ -109	新疆维吾尔族艾德莱斯绸织染技艺	新疆维吾尔自治区洛浦县		

续表

编　号	项目名称	申报地区或单位	类 别	批 次
895 Ⅷ-112	鄂伦春族狍皮制作技艺	内蒙古自治区鄂伦春自治旗 黑龙江省黑河市爱辉区		
1015X-108	蒙古族服饰	内蒙古自治区 甘肃省肃北蒙古族自治县 新疆维吾尔自治区博湖县	民俗	
1016X-109	朝鲜族服饰	吉林省延边朝鲜族自治州		
1017X-110	畲族服饰	福建省罗源县		
1018X-111	黎族服饰	海南省锦绣织贝有限公司 海南省民族研究所		
1019X-112	珞巴族服饰	西藏自治区隆子县、米林县		
1020X-113	藏族服饰	西藏自治区措美县、林芝地区、普兰县、安多县、申扎县 青海省玉树藏族自治州、门源回族自治县		
1021X-114	裕固族服饰	甘肃省肃南裕固族自治县		
1022X-115	土族服饰	青海省互助土族自治县		
1023X-116	撒拉族服饰	青海省循化撒拉族自治县		
1024X-117	维吾尔族服饰	新疆维吾尔自治区于田县		
1025X-118	哈萨克族服饰	新疆维吾尔自治区 伊犁哈萨克自治州		
	瑶族刺绣	广东省乳源瑶族自治县	传统美术	第3批推荐项目
	藏族编织、挑花刺绣工艺	四川省阿坝藏族羌族自治州		
	侗族刺绣	贵州省锦屏县		
	锡伯族刺绣	新疆维吾尔自治区察布查尔锡伯自治县		
	塔吉克族服饰	新疆维吾尔自治区塔什库尔干塔吉克自治县	民俗	

2．国家级非物质文化遗产少数服饰手工艺传承人名单

姓 名	性别	项目名称	地 区	分 类	批次
叶水云	女	土家族织锦技艺	湖南省湘西土家族苗	传统手工技艺	首批
汪国芳	女	羌族刺绣	四川省汶川县	传统美术	第3批
刘香兰	女	黎族传统纺染织绣技艺	海南省五指山市	传统技艺	
边多	男	藏族邦典、卡垫织造技艺	西藏自治区日喀则地区		
买特肉孜·买买提	男	花毡、印花布织染技艺	新疆维吾尔自治区且末县		
龙米谷	男	苗族银饰锻制技艺	湖南省凤凰县		
麻茂庭	男	苗族银饰锻制技艺	湖南省凤凰县		
黄运英	男	黎族树皮布制作技艺	海南省保亭黎族苗族自治县		
吐尔逊木沙	男	传统棉纺织技艺	新疆维吾尔自治区伽师县		
马舍勒	男	毛纺织及擀制技艺（东乡族擀毡技艺）	甘肃省东乡族自治县		
粟田梅	女	侗锦织造技艺	湖南省通道侗族自治县		
叶娟	女	傣族织锦技艺	云南省西双版纳傣族自治州		
孟兰杰	女	鄂伦春族狍皮制作技艺	黑龙江省黑河市爱辉区		
玉山·买买提	男	维吾尔族卡拉库尔胎羔皮帽制作技艺	新疆维吾尔自治区沙雅县